纺织品艺术设计系列

崔荣荣　丛书主编

世界经典纺织品纹样

李建亮　牟洪静　主　编
王志成　郑　亮　副主编

化学工业出版社
·北京·

内容简介

纹样作为民族与地域文化的视觉载体,通过题材、构图、色彩等元素,勾勒出不同文明的叙事传统与审美肌理,沉淀着深厚的历史文化密码。创新型面料纹样设计师需兼具扎实的花型设计功底、前沿的创意思维,以及对世界经典纹样的深刻认知。本书精选全球代表性纺织品纹样,在解析其风格特征的基础上,融入贴合市场的创新应用案例,为设计实践提供兼具学术深度与实操价值的借鉴和指引。

本书适合大中专院校纺织品艺术设计、纺织品设计、服装设计、软装设计、环境艺术设计等专业的师生及图案设计爱好者阅读。

随书附赠资源,请访问https://cip.com.cn/Service/Download下载。在如右图所示位置,输入"48213"点击"搜索资源"即可进入下载页面。

图书在版编目(CIP)数据

世界经典纺织品纹样 / 李建亮,牟洪静主编;王志成,郑亮副主编. -- 北京:化学工业出版社,2025.8.
(纺织品艺术设计系列 / 崔荣荣主编). -- ISBN 978-7-122-48213-6

Ⅰ. TS194.1

中国国家版本馆 CIP 数据核字第 2025ND6020 号

责任编辑:徐 娟 吕梦瑶　　　　文字编辑:刘 璐
责任校对:李雨函　　　　　　　　装帧设计:刘丽华

出版发行:化学工业出版社
　　　　　(北京市东城区青年湖南街13号　邮政编码100011)
印　　装:北京宝隆世纪印刷有限公司
889mm×1194mm　1/16　印张11　字数300千字
2025年10月北京第1版第1次印刷

购书咨询:010-64518888　　　　售后服务:010-64518899
网　　址:http://www.cip.com.cn
凡购买本书,如有缺损质量问题,本社销售中心负责调换。

定　　价:78.00元　　　　　　　　版权所有　违者必究

序

浙江理工大学纺织品艺术设计专业肇始于 1979 年设立的丝绸美术与品种设计专业，历经四十余载的学术积淀与教学革新，已发展为国家级特色专业和浙江省优势专业。作为国内纺织品艺术设计教育的先行者，本专业始终秉持"艺工融合、创新驱动"的办学理念，构建了以培养具有国际视野、现代设计理念、深厚审美素养和市场敏感度的高级应用型人才为目标的教育体系。其人才培养质量在业界享有盛誉，已成为我校最具学科特色和社会影响力的专业之一。

本系列教材的编纂立足于全球纺织产业向智能化、文化创意方向转型的时代背景，以"守正创新"为指导思想，系统整合了装饰图案、传统染织工艺等核心课程的理论与实践体系，同时前瞻性地纳入了数智化面料设计、智能纺织品开发等新兴领域内容。本系列教材特色鲜明地体现了"历史传承与创新发展并重"的编写理念，致力于为学生构建贯通古今、面向未来的专业知识架构。在内容设置上，每本教材均充分融入学校"产教融合"的教学特色，引入知名企业的真实设计案例。这种"实践实训"的模式，不仅锤炼了学生的创新能力，更使其深刻体会到设计师作为"问题解决者"的社会角色。

本系列教材的出版，凝聚了浙江理工大学服装学院艺术与科技系（原纺织品艺术设计专业）全体教师的智慧结晶，并得到化学工业出版社专业编辑团队的大力支持。在此，谨向参与编写的各位同仁致以崇高敬意，正是他们深厚的学术造诣和严谨的治学态度，确保了教材的学术质量；同时感谢行业合作伙伴的实践指导，使教材内容始终与产业发展保持同步。

教育乃百年树人之伟业，教材实为知识传承之基石。我们期待这套教材能够成为学生探索纺织艺术的知识指南，教师创新教学方法的专业工具，以及行业转型升级的智库资源。未来，我们将持续优化纺织品艺术与科技交叉融合的教材体系，配套建设数字化教学资源库，着力构建"线上线下协同、理论实践互通"的多维度教学生态系统。

愿这套教材如经纬交织的丝线，贯通传统与现代、艺术与科技、理论与实践，在数智时代谱写纺织艺术设计教育的新篇章！

2025 年 6 月于杭州

前言

　　纹样是不同民族以及不同地区文化的载体，通过构图、色彩等视觉形式元素展现不同地区的文化传统和审美特征，具有悠久的历史和丰富的文化信息。纺织品纹样反映了不同地区的政治文化背景、宗教哲学观念、审美传统等，我们可以通过典型的纹样案例，了解不同地区文明之间的交流，把握世界范围内纺织产业的发展轨迹。随着当前国内纺织产业的转型发展、国潮文化的盛行以及传统文化的复兴与发展，创新的面料纹样设计越来越受到重视，这不仅要求设计师有深厚的花型设计基础和创新思维意识，还要求设计师对世界经典纺织品纹样有充分的认识和理解。

　　本书选取世界范围内具有代表性的纺织品纹样，除对其风格特征进行重点分析外，还解析了经典纹样的创新应用案例，更加贴合市场，对学生的设计实践也具有一定的借鉴性和指导性。

　　本书由浙江理工大学李建亮、牟洪静主编，苏州工业园区工业技术学校郑亮任副主编，东华大学温润、南通大学王旭娟、陈彦博以及石晓凯等参与了部分文字及图片资料的整理工作。同时，本书也得到了浙江理工大学服装学院领导的大力支持，以及化学工业出版社的倾力相助，在此向辛苦付出的各位同仁表示诚挚的敬意和感谢！

　　世界范围的纺织品纹样浩如烟海，本书不能一应俱全，难免有疏漏和不足之处，诚请读者批评指正，以便我们在以后的再版中改进和完善。

李建亮

2025 年 6 月

目录

第一章 | 中国传统纺织品纹样

中国传统纺织品纹样种类繁多、内容丰富、应用广泛，有着悠久的历史。从各种经典的传统纹样中，可以领略到各个时代的工艺水平和中华民族源远流长的传统文化，许多传统纹样经久不衰，至今仍被沿用或借鉴，体现出中国传统纹样的无穷魅力。其中，植物纹样在中国传统纺织品纹样中占有重要地位，染织与人们的生活密切相关，花草又具有美的姿态，所以在纺织品中植物纹样装饰深受人们喜爱。

第一节　折枝花纹样

一、折枝花纹样简介

古时的绘画是一种记录和传达信息的工具，为了更有利于识别花卉品种，通常针对花卉中具有主要特征的局部做精确的描绘，花卉的折枝画法便应运而生。蒋义海在《中国画知识大辞典》中将折枝花卉解释为不写全枝，只画从枝干上折下来的部分花枝。故此，折枝花是一种绘画题材，也是一种取景构图方式。

图1-1　隋代莫高窟壁画中的折枝花纹

二、折枝花纹样的历史起源与发展

折枝花纹样作为植物花卉纹样，最早在隋代莫高窟壁画中就有所体现，如图1-1。唐代壁画在隋代壁画艺术基本成熟的基础上进一步升华，之后进入发展的繁荣时期。自初唐起，花卉纹样开始在丝织物上流行，中唐时期的真红地花鸟纹锦上便有折枝花纹样，如图1-2所示。

五代时期花鸟画深入发展，而后在宋代文化大发展的背景下，美学体系趋于成熟，使折枝花呈现欣欣向荣之态。宋代折枝花纹样一改隋唐折枝花鸟纹样或小簇花纹样的概念性抽象样

图1-2　中唐真红地花鸟纹锦

貌，更为贴合真实生活中的自然元素。在造型展现上，其写实、自然的手法将花卉的花瓣、枝干、叶片描绘得当，故而能辨认出花卉的种类；在题材选择上，除了偏好牡丹花、梅花外，还有芙蓉花、山茶花、菊花等文雅的寻常花卉素材。折枝花纹样的整体艺术风格以高雅秀气为主旋律，追求一种娴静平和的境界，走向与雍容华贵的唐代艺术截然不同的艺术之路。如图1-3、图1-4所示的两宋折枝花纹样，北宋折枝花纹样的花型较小，突出了整体纹样的排列构成形式，略显程式化和呆板；发展到南宋的折枝花纹样，其花姿表现更为生动，纹样布局较为紧凑，并且折枝花卉存在明折枝和藏折枝两种形式。

此外，南宋时期还流行一种写生式的折枝花，也称"生色花"，在丝绸纹样中广泛流行，成为中国传统植物纹样的一大形式，反映了人们对自然之美的欣赏和超然物外的审美追求。

明清两代各项织绣生产规模盛大，工艺技术发展完备，产量和质量得到保证，使得集历代纹样之大成的明清织绣纹样进入了高度成熟化的普及阶段，折枝花纹样也发展成一种极为普遍的纹样。如图1-5的明代绿色地杂宝牡丹菊纹锦和图1-6的清乾隆彩色玫瑰花纹金宝地锦。明清时期的折枝花纹样多以某一种花卉作为主题纹样，如对莲花、牡丹花、宝相花、菊花和梅花等写实或抽象的勾勒，各个主题的折枝花纹样都代表对应的吉祥寓意，与在图像中的应用原则一致。除了自由穿插排列的写生折枝花卉外，还有部分简单和小型的折枝花卉。如图1-7所示的明代蓝色地织黄色折枝牡丹菊花纹闪缎，在蓝色经面缎纹地上织出黄色折枝牡丹花纹和折枝菊花纹作为主体花纹，一排牡丹花花头朝上，一排菊花花头相对朝下，两排为一循环，其间饰折枝兰花和梅花，主次上下相互交错排列，牡丹花象征富贵，菊花象征长寿，此组合寓意"富贵长寿"。图1-8所示为明宣德红色地织五彩折枝莲花牡丹纹妆花纱。此妆花纱上的折枝花纹样色彩富丽，不同花色的莲花和牡丹花以亮色勾边，配以浅色的花蕊和枝叶，折枝莲花与折枝牡丹花组合寓意"连富贵"，两行为一循环，醒目而突出，极具立体感。

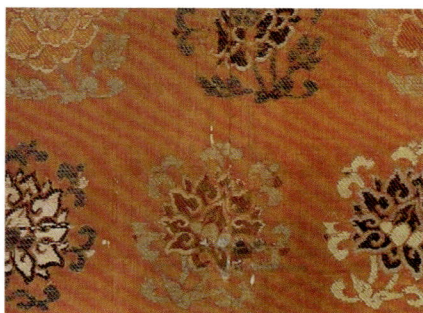

图1-3 北宋刺绣折枝花绢巾　　图1-4 南宋褐色牡丹芙蓉梅花罗　　图1-5 明代绿色地杂宝牡丹菊纹锦

图1-6 清乾隆彩色玫瑰花纹金宝地锦　　图1-7 明代蓝色地织黄色折枝牡丹菊花纹闪缎　　图1-8 明宣德红色地织五彩折枝莲花牡丹纹妆花纱

清代的折枝花纹样在明代基础上，继承并吸收其精华，越发普及，在纹样造型表现上更加细腻，纹样的组织循环次数和纹样面积愈加扩大，越发讲究布局及装饰效果。在题材组合上更注重场景表现，与各种具有吉祥寓意的器物和飞蝶搭配成画，排列上延续宋代的规律进行规整排布，有的还会随所绣之物进行灵活变换。清代丝织物中，折枝花纹样既有单独作为主题纹样的，也有与其他纹样组合构成装饰主题的，或作为其他纹样的辅纹出现，同一题材或多种题材的折枝花纹样在构图时会采用循环内花头朝向相反且交错排列的设计，折枝花纹样的构图形式一般为四方连续，配色或对比强烈或淡雅低调，色彩变化自如，各色折枝花纹形神兼备，充满魅力（图1-9、图1-10）。

图1-9 清代折枝牡丹纹闪缎

图1-10 清代折枝牡丹纹暗花直径纱匹料

三、折枝花纹样的艺术特点

1. 纹样题材

折枝花纹样种类繁多，具有清新自然的写实风格，各色花卉的形态特征一目了然，很容易分辨品种归属。主要题材元素有牡丹花、芙蓉花、莲花、芍药、山茶花、菊花、栀子花、梅花、百合花、菖蒲、日萍、蔷薇、月季花、海棠花、桃花、梨花、玫瑰花、荼蘼、松竹、小散花等。在纹样呈现时，既有以单一元素呈现的形式（图1-11），也有花卉间自由组合或花卉与其他辅助题材组合的形式，如宋代流行的一年景纹样，即纹样中融合了一年中的四时之景。一年景纹样以写生式的折枝花纹样为主，对花卉进行具体写实的刻画，以便分辨出不同季节的花卉种类。如图1-12所示的江苏武进村前南宋墓出土的折枝四季花罗，织物上的一年景纹样在有限的平面空间中调节了节奏与秩序，在视觉上传递了丰富的内容。

图1-11 清代石青缎衣服上的折枝花纹样

图1-12 江苏武进南宋墓出土折枝四季花罗上的一年景纹样

2. 纹样造型

折枝花纹样以"赏心只有二三枝"的简约审美观念引导着创作，构图空灵是经典折枝花纹样给人的普遍印象。

折枝花卉在表现手法上强调花大叶小，注重花头的造型，而弱化、缩小枝叶的形象，枝干多弱化成线，起到穿插组织结构的作用。

在结构形式上，花头与枝干通常呈 C 形或 S 形，能表现花卉姿态的柔美，而且有利于纹样的空间排列，形成连续性纹样。此外，C 形折枝花纹样在结构外侧还常有反方向的花枝并搭配花苞、叶片，可以是同种花卉，也可以是不同种花卉，这种结构在视觉上给人较好的平衡感和韵律感。

在排列形式上，同方向的花枝常做水平或垂直的均匀排列，相邻花枝之间则方向相反，枝干衔接及终端常用叶片遮挡，枝条自由延伸，花苞、叶片装饰其间，有一种自然花卉无尽生长的韵律之美，如黄昇墓出土的漆烟色牡丹花罗背心中的折枝花纹样（图 1-13）。部分小折枝花纹样以自由形做四方连续的散点排列，此类型在江西德安周氏墓出土的服饰上较多出现（图 1-14）。

折枝花纹样主要应用在服装的大襟边、小襟边、袖口、下摆等部位作为边饰，如黄昇墓出土的紫灰色绉纱镶花边窄袖袍（图 1-15）。此外，在服装的整体面料上也有应用，如图 1-16 所示。

图 1-13 漆烟色牡丹花罗背心中的折枝花纹样

图 1-14 四方连续散点排列的小折枝花纹样

图 1-15 紫灰色绉纱镶花边窄袖袍

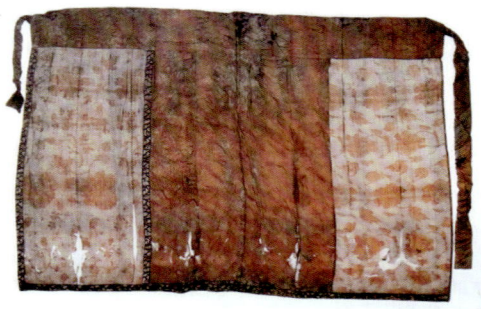

图 1-16 黄褐色印花绢四幅直裙

四、折枝花纹样的现代应用

随着我国民族文化认同感的提升和民族自信的高涨，传统服饰纹样的运用与设计创新也焕发出新的生机与活力。如图 1-17 所示某传统服饰面料店铺销售的折枝花纹面料，纹样题材依循宋时流行的山茶花、梅花、莲花等花卉题材，

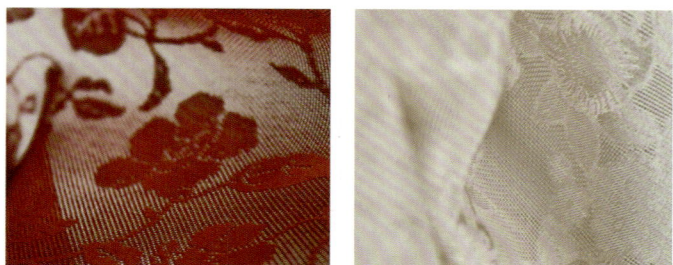

图 1-17 某传统服饰面料店铺销售的折枝花纹样的面料

配色淡雅低调，契合宋代的审美。

此外，折枝花纹样在现代服饰成衣中也有所体现，如图1-18为以花鸟图为灵感设计的亚历山大·麦昆（Alexander McQueen）2007秋冬系列服装。图1-19是东方美学代表品牌M essential在"春园雅集"年度大秀中的系列服装，用奢华定制时装的繁复工艺表现折枝花纹样，呈现东方灵感符号，以具象写实的手法表现交融语境。

图1-18 亚历山大·麦昆2007秋冬系列服装

图1-19 M essential"春园雅集"年度大秀系列服装

折枝花元素还频频出现在文创产品中。如图1-20为北京故宫博物院的文创产品，此件故宫织绣日历的设计灵感源于北京故宫博物院收藏的三百余件织绣文物，萃集了反映季节时令的传统织绣纹样，呈现出中国传统织绣艺术之美。

图1-20 北京故宫博物院文创产品——故宫织绣日历

第二节　缠枝花纹样

一、缠枝花纹样简介

缠枝花纹样是中国传统的植物装饰纹样之一，又名万寿藤、穿枝纹、串枝纹、蔓藤。因其结构连绵不断，故有生生不息之意。缠枝花纹样由花朵、枝蔓、叶片或果实组成，其中花朵或果实为表现主题，枝蔓呈螺旋状绕其一周，叶片则为骨格陪衬，整体形态优美生动，委婉多姿，富有无限延伸的动感。

二、缠枝花纹样的历史起源与发展

1. 缠枝花纹样的萌芽期

缠枝花纹样的历史可追溯到汉代的云气纹，同时也与佛教艺术的传入有密切的关系，常见于佛教建筑，如图 1-21 为北魏时期的卷草纹样石刻，此时的部分卷草纹样虽然已基本能够分出花、叶和茎，并初步具备了细长且连贯的"枝条"，但是作为主花的花头以及花头与枝干相缠绕的特征并未明确显现出来。

2. 缠枝花纹样的形成期

隋唐时期，花卉植物纹样发展成主要的装饰题材，人们喜爱的牡丹花、莲花、萱草花、菊花等花卉植物经常出现在装饰领域，其翻转仰合、动静背向的生动姿态被描绘得栩栩如生，以花卉为题材的缠枝花纹样更是发展为唐代的主要装饰纹样之一。

唐代是中西文化大融合的时期，大量的外来题材和构成形式被加以改造利用，演变成具有东方韵味的中国样式，此时的缠枝花纹样是在外来纹样的基础上，结合传统的波线和卷云纹形成的具有独特时代风格的纹样。如唐代卷草边饰（图 1-22）中的缠枝花纹样以二方连续的形式出现，是唐代缠枝花纹样的典型风格，表现了唐代缠枝花纹样富丽婉约、装饰变化丰富、结构严整且具有格律感的形式特点。唐代缠枝花纹样还会以适合纹样的形式出现，并且和其他类别的纹样组合使用，如唐代的缠枝花鸟纹刺绣（图 1-23）、红地葡萄纹锦（图 1-24）等，都带有一番清新自然的写实之风。

图 1-21　北魏时期的卷草纹样石刻

图 1-22　唐代卷草边饰

图 1-23　唐代缠枝花鸟纹刺绣

图 1-24　唐代红地葡萄纹锦

3. 缠枝花纹样的发展期

自隋唐以后，缠枝花纹样的风格和样式都因各朝代的文化、政治和经济的不同而表现出鲜明的时代特征，并逐步完成了缠枝花纹样的中国化。

宋元时期的缠枝花纹样融合了唐代卷草纹样的波状连续和折枝花的形式，缠枝花的波状结构逐渐细化，纹样以突出大朵花头为主形式，不及唐代缠枝花纹样丰满而富有张力。在表现形式上受宋代工笔花鸟画的影响，缠枝花纹样更趋工整、纤巧、细腻，风格淡雅、质朴，具有宋代文人画的理性色彩，这一风格的缠枝花纹样一直沿用到明清及近代，成为近代最流行的装饰纹样之一。图1-25为福州黄昇墓出土的南宋一年景花卉纹霞帔。

明清时期是缠枝花纹样的兴盛发展时期，其总体风格呈现出结构饱满、造型严谨、花型生动、线条纤巧、色彩鲜明的特点。纹样从题材到形式更趋于样式化、程式化、图案化，既注重纹样的形式美，也注重纹样的内涵美，如明代缠枝菊莲茶花纹妆花缎（图1-26）、明代缠枝莲宝相花纹锦（图1-27）。

图1-25 南宋一年景花卉纹霞帔（局部）

图1-26 明代缠枝菊莲茶花纹妆花缎

图1-27 明代缠枝莲宝相花纹锦

三、缠枝花纹样的艺术特点

1. 纹样造型

缠枝花纹样以其独特的骨格特征构成了其最本质的属性，而且骨格在缠枝花纹样中主要表现为"茎"的运用。在所有的缠枝花纹样中，可以是茎、花结合，也可以是茎、叶、花或者是茎、叶、花与其他题材相结合，但无论怎样的结合方式，贯穿整个画面的骨格线是必不可少的。

缠枝花纹样的骨架以S形波状结构为主，并在这种结构内结合涡线形、圆形组合形式，呈无限延伸的平稳状态。S形构图法则不仅体现在边饰中的缠枝花纹样的构图形式之中，在其他各类型装饰空间中的缠枝花纹样同样是不可或缺的。如图1-28宋代黑色菊花串枝纹罗，起伏回转的枝茎在花朵和叶片的掩映下显得忽隐忽现，但仍然能够看出其整体走向呈S形。植物的茎叶以固有的弧形形态，加上与此相适应的花朵，形成了花繁叶盛、枝转叶舞的画面。

缠枝花纹样除了自然延展的S形结构外，还有对称式的缠枝样式，此种缠枝花纹样的花头一般做正面显示，枝干左右对称缠绕，结构形式平稳庄重，是明代织绣纹样的重要代表样式，以后历代也有沿用（图1-29）。

总的来说，缠枝花纹样是以各种花卉的枝、叶、藤、蔓、花朵或果实等为表现题材，由S形曲线相互缠绕延伸，呈现出枝干相连的波状形或涡卷形结构，花朵、花苞、叶片反转连缀，并在转折的重点处配以花头，在枝茎上填以花叶，枝干两两相连，

图1-28 宋代黑色菊花串枝纹罗

图1-29 缠枝牡丹菊花兰花纹芙蓉妆花缎

形成延续的纹样，有延绵不断之意，这种结构样式在宋代被称为"万寿藤"。如图1-30的彩绘荷萍鱼石鹭鸶花边，在24cm×5cm的狭小长条内，安排了湖石、荷花、鹭鸶、游鱼、水草、果树等元素，营造了一个清雅的荷塘小景，富有生趣。这类构图还有蜻蜓戏莲、凤穿牡丹、蝶恋芍药、狮子滚绣球等题材。

图1-30　彩绘荷萍鱼石鹭鸶花边（局部）

2. 纹样审美

（1）变化与统一

缠枝花纹样在题材运用方面具有多样化的特征，一种纹样中往往涵盖多种题材，如明代缠枝四季花卉纹样（图1-31），四个季节的花卉在同一个画面中表现。同时缠枝花纹样在寓意内涵方面具有统一性，如四季花卉的题材虽然不同，但纹样最终还是会被统一的波状结构连接在一起，表达了一年四季吉祥平安的寓意。这种统一也体现在主花所含有的约定俗成的吉祥含义与纹样本身所表现出来的吉祥寓意相统一。如图1-32中的牡丹花和蝙蝠寓意富贵多福，图1-33中的纹样又在四季花卉的基础上增添了多福、多寿、多子的寓意。另外，缠枝花纹样的统一性还表现在装饰形式与器物造型或与被装饰物结构上的统一，即外观与内在的统一，使装饰品成为一个统一的整体。

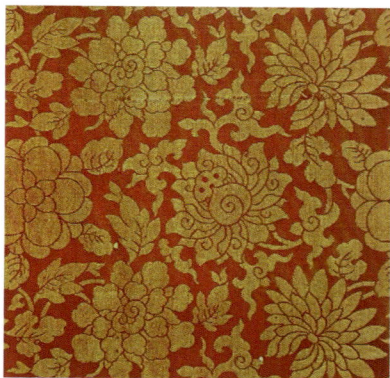

图1-31　明代缠枝四季花卉纹样

图1-32　缠枝富贵福寿纹芙蓉妆

图1-33　锦群地织金缠枝四季三多纹锦

（2）对比与调和

对比与调和是多样统一的具体化。在缠枝花纹样的发展过程中，随着吉祥纹样的逐步发展与频繁使用，缠枝花纹样也在发展过程中受其影响，形成了缠枝花纹样与吉祥几何纹样相结合的以几何纹为底纹，以缠枝纹为浮纹的装饰纹样形式。这种纹样形式形成了几何纹与具象花卉纹的对比，但是这种对比又被统一在同一幅纹样中，使纹样具有相同的底纹和变化不是很大的浮纹。如图1-34所示的明代万字缠枝莲花缎，纹样以万字纹为底纹，以缠枝莲花为浮纹。

（3）节奏与韵律

节奏与韵律是构成整体的诸要素按一定的秩序重复连续地排列，形成的一种

图1-34　明代万字
缠枝莲花缎

律动感，是形式美的一种，有节奏的变化才有韵律之美。缠枝花纹样中单位纹样的波状连续重复就是用来表现这种节奏感的。缠枝花纹样特有的重复骨格结构决定着其单位纹样排列的位置，重复是缠枝花纹样中最基本的构成手法，通过营造高度统一的协调性与整体感，达到视觉上的美感。如图1-35所示的明代缠枝莲花织金妆花缎上的缠枝花纹样，它以"圆"为单位，上下左右连续排列的布局形式形成了连绵不断的装饰性纹样，没有始终而有

图1-35 明代缠枝莲花织金妆花缎

一种向上下或左右同时延展的开放式韵律，这种不断重复的接圆式或近似接圆式的结构是一种非常有节奏感和韵律感的布局形式。

四、缠枝花纹样的现代应用

缠枝花纹样作为中国传统纹样中的重要一员，在现代时尚界中也得到了广泛应用，通过现代刺绣、镂空等工艺，再现中国传统纹样之美，传递出古典与现代相结合的时尚气息。如2024~2025秋冬M essential品牌系列服装中运用了缠枝花纹样（图1-36），服装颇有中式韵味；又如荷木HEMU品牌在2024春夏"风雅之颂"的大秀中，推出了以宋代美学为设计元素的服装（图1-37）。

图1-36 2024~2025秋冬 M essential品牌系列服装

图1-37 荷木HEMU2024春夏系列服装

第三节 团花纹样

一、团花纹样简介

团花纹样是中国吉祥纹样的一种，与折枝花纹样、缠枝花纹样构成了中国传统花卉植物纹样的总体形态。广义上讲，团花纹样是传统圆形纹样，主要以花草植物、珍禽瑞兽、吉祥文字、才子佳人等纹样构成圆形的或适合圆形之内的纹样，象征吉祥如意、一团和气。狭义上讲，团花纹样是指以花草植物为素材的圆形纹样，如图1-38所示的唐代宝相花水鸟印花绢、图1-39所示的唐代宝相花纹锦。

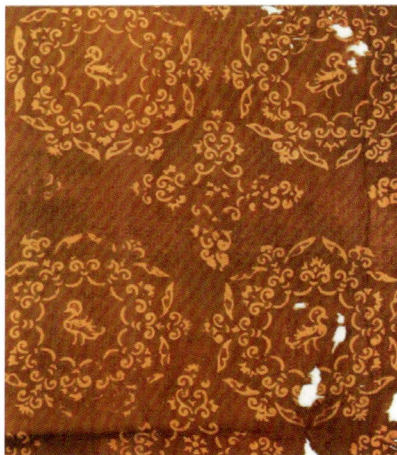

图1-38 唐代宝相花水鸟印花绢

图1-39 唐代宝相花纹锦

二、团花纹样的历史起源和发展

团花纹样早在春秋战国时期的瓦当纹中就已经成型，当时的结构一般以花蕊为中心，花瓣呈放射状向四周展开，造型简洁工整，装饰性较强。隋唐时期，宝相花纹样的出现代表了传统团花纹样程式化的最高水准，宝相花纹样把多种花卉元素组合在一起，形式饱满、色彩绚丽且具有浓厚的宗教色彩，是唐代织绣纹样的典型代表，如唐代大窠宝相花纹锦（图1-40）。从此开始，团花纹样成为中国服饰上的固定纹样，广泛应用于各类纺织面料之上，如唐代瑞花印花绢褶裙（图1-41）。宋代写生式植物纹样的出现为团花纹样注入了新鲜的血液，

图1-40 唐代大窠宝相花纹锦

以写生式折枝花、缠枝花为题材的团花纹样形式丰富、变化多样，成为明清之际织绣服饰纹样的重要题材，如图1-42所示的北宋重莲团花锦。到了明清时期，团花纹样在服饰上得到大量应用，如图1-43所示的清代大红色缂丝彩绘八团梅兰竹菊袷袍。

图1-41 唐代瑞花印花
绢褶裙

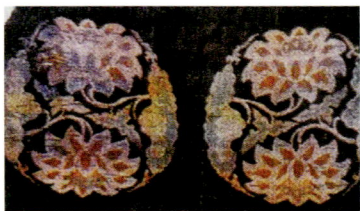

图1-42 北宋重莲团花锦

图1-43 清代大红色缂丝
彩绘八团梅兰竹菊袷袍

三、团花纹样的形式特征

唐代是团花纹样应用最为兴盛的时期，唐代绘画《捣练图》（图1-44）、《虢国夫人游春图》、《簪花仕女图》（图1-45）、《纨扇仕女图》等中的人物衣着上都画有团花纹样。此时团花纹样的花型自然多变，叶短、肥、圆并围绕花朵铺展，同时按米字或井字骨格做规则的散点排列。

图1-44 唐代《捣练图》（局部） 张萱

图1-45 唐代《簪花仕女图》（局部） 周昉

新疆吐鲁番阿斯塔那出土的红地花鸟纹锦（图1-46），由写生花头组合成放射对称型中心花，四面由嘴衔花枝的绶带鸟和对称型的小花树围合，形成团花。《唐六典》记载的丝绸贡品名目有独案、两案、四案、小案等，从出土实物来看，与今天四方连续的一点排列、二点排列、四点排列类似。新疆阿拉尔出土的北宋灵鹫球纹锦袍（图1-47）中的球纹，就是以单位球纹四方连续排列构成。球纹之间以小的球纹相连，球纹内一对灵鹫相背而立，间饰花树，纹样造型及格式均属于典型的西亚风格。又如敦煌宋代壁画供养人服饰上的团花织锦纹样（图1-48），单位团花纹以四瓣花为中心，四叶按十字形展开，外接圆弧线枝蔓构成，以米字骨格呈散点状排列，疏朗大方，具有唐代团花纹样的特点。

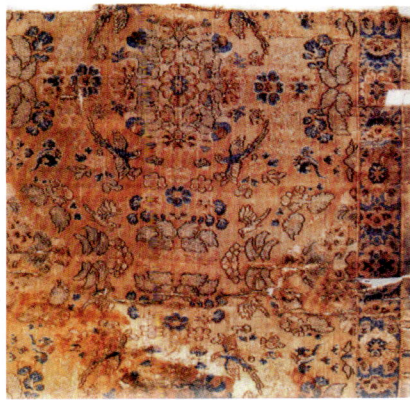

图1-46 唐代红地花鸟纹锦

团花纹样的主要样式是把单位纹样组合成圆形或近似圆形的纹样，所以圆形是团花纹样外在的基本形状，但在内部元素的构成形式上一般有单独式和组合式两种（图1-49）。团花纹样的圆形构成形式体现了中国传统审美对对称、均衡之美的重视。

图1-47 北宋灵鹫球纹锦袍

图1-48 敦煌宋代壁画供养人临摹图（局部）

图1-49 唐代红地联珠团花纹经锦

团花纹样中最具代表性的样式当属宝相花（图1-50），宝相花又称"宝仙花""宝花花"，原为佛教美术中一种程式化的装饰花纹。宝相花起源于东汉，唐、宋、元时期有所发展，明、清两代比较盛行。宝相花的构成方法，是将自然形态的花朵进行艺术处理，使之成为理想的、富有装饰性的花朵。具体地说是将牡丹花、莲花、菊花的花朵、花苞、花托、叶片等形象素材，以四向对称放射或多向对称放射的形式组织成圆形、菱形或方形装饰纹样。通常在每一层花朵、花苞的中心点或叶子的基部中心填充鲜艳的颜色，周围以蓝色、绿色、棕色、驼色分成明度不同的层次，逐渐褪晕，使之显现出珠玉宝石镶嵌般的华丽效果，如图1-51所示的红地宝相花纹锦、图1-52所示的天蓝地宝相花纹锦。团花纹样主要有小簇花、独案花、瑞花等形式（图1-53~图1-55），还有以中心花纹样与周边团花纹样组合成的复杂团花形式，如宝相花，

图1-50 晚唐宝相花刺绣马鞍残片

这类团花纹样层次较多，形象丰富，是团花纹样的典型代表（图1-56）。

图1-51　唐代红地宝相花纹锦

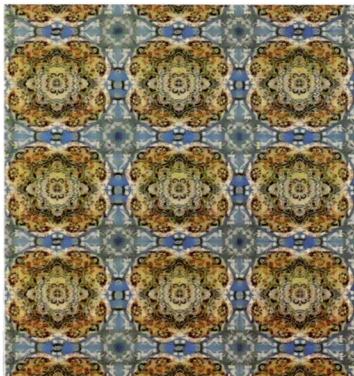

图1-52　唐代天蓝地宝相花纹锦

图1-53　晚唐簇六团花夹缬

图1-54　唐代大窠联珠宝花纹锦

图1-55　唐代宝相花纹锦边饰

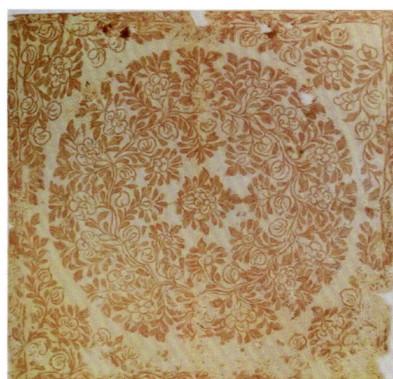

图1-56　唐代团花花毡

组合式团花纹样主要以轴对称以及均衡式对称构图为主，类似太极图中的S形结构，在宋代发展成定型的"喜相逢"的构成形式。其特点是以S形线把圆形画面分成交互的两部分。如图1-57所示的黑地绣菱格团花纹交领窄袖团衫，其上的单位团花纹样由一正一反两个写实莲花组成；图1-58所示的萱草团花纹刺绣则是由一正一反的两朵萱草花组成。

图1-57　黑地绣菱格团花纹
交领窄袖团衫

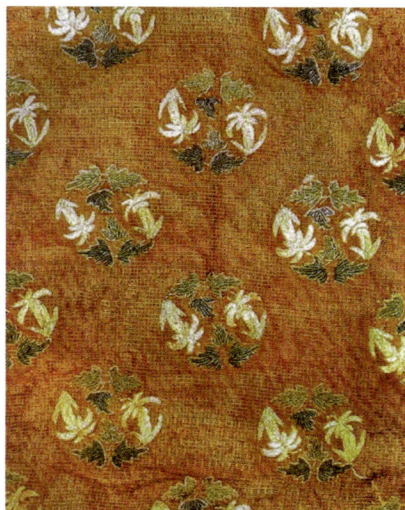

图1-58　萱草团花纹刺绣

四、团花纹样的文化内涵

团花纹样是具有高贵气质和传统属性的圆形纹样，蕴含比较浓厚的民族文化意义，反映了大众对团圆美满生活的追求。之所以被称为团花，不仅因为它是圆的，更重要的还在于团。团有将非圆形物体揉合成圆形，或将松散物体凝结、凝聚在一起，使之成为不可分开的整体的含义。团花纹样体现了中华民族独特的设计美学思想，它以简单的圆形体现了古代中国人的美学追求与精神追求，它不仅是一种形式，更是一种宇宙观，一种生命品格的象征，诠释着一种天人和谐、祈福纳祥的圆满美。

五、团花纹样的现代应用

在现代，团花纹样被视为中国传统文化审美的典型代表，具有中国文化中所强调的"天人和谐、以和为贵"的气质，所以也经常被用在代表中华文明的服饰上，如图1-59所示的现代唐装设计。在现代服饰与纺织品设计中，也有很多品牌使用团花纹样的造型、题材、色彩语言，以符合当代语境的表达方式对其进行重新解读，并加以创新。2003年，古驰（Gucci）在以"双生之境"（Twinsburg）为主题的春夏系列双生模特大秀系列服装中运用

图 1-59 现代唐装

了大量中式元素，如图1-60所示。2020年，中国本土品牌三寸盛京（SUNCUN）也推出了主题为"山海"的秋冬系列服装，如图1-61所示。两个品牌的服装均部分采用团花纹样加以装饰，运用印花、传统苏绣、现代机绣等工艺呈现纹样，颇具特色，为团花纹样的现代发展增添了新的生机。

图 1-60 古驰 2023 春夏"双生之境"主题的双生模特大秀系列服装

图 1-61 三寸盛京 2020"山海"主题秋冬系列服装

第四节　吉祥纹样

一、吉祥纹样简介

吉祥纹样是明清时期普遍盛行的装饰纹样，一般以转喻、谐音等手法，把象征美好的事物描绘成图，有的还配以文字说明，以构成某种具有吉祥意味的纹样，有"图必有意，意必吉祥"之说。它反映了人们对生活的美好向往和祝愿，是古人祈福纳祥文化思想的物化表现。

二、吉祥纹样的起源与发展

吉祥纹样与人们的生活有着密切的关系，它根植于人们的吉祥观念。秦汉时期的织锦装饰纹样中常见带有吉祥寓意的文字，如延年益寿、长乐明光（图1-62）、万事如意（图1-63）、云昌万岁宜子孙、（永）昌长乐等，以表示祝颂和吉祥。在汉代的瓦当、铜镜中亦有

图1-62　长乐明光锦

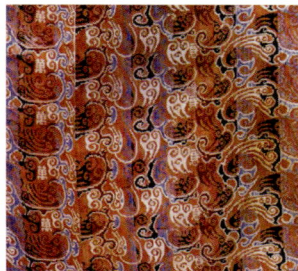

图1-63　万事如意锦

用吉祥文字做装饰的，如汉代铜洗上饰有"大吉祥"三字。

魏晋南北朝的纹样题材融入了大量佛学、道学、玄学的祥瑞内容，富有时代特色的莲花纹和忍冬纹也都带有驱灾纳祥之意。隋唐之后，纹样题材以植物鸟兽为主，其最大的特点是将花草纹饰与各种祥禽瑞兽、仙人神物等穿插组合，以表达一定的吉祥寓意。发展至宋代时，吉祥纹样已趋于成熟。宋元时期，吉祥纹样的内容以寓意富贵吉祥的祥禽瑞兽、奇花珍草为主。明清时期，吉祥纹样以表达民众审美意识为主，融合统治者意识、宗教观念及资本主义民主思想等，实现了"图必有意，意必吉祥"，并达到纹样发展的高峰，形成了这一时期的装饰特色。

三、吉祥纹样的表现手法

吉祥纹样在表现手法上一般是用具体的事物形象，借助比喻、象征来表达抽象的吉祥概念，又用固定的概念来启发人们的联想。其题材涉猎广泛，包含植物题材、动物题材、人物题材、几何题材、文字题材等，构成手法主要有以下几种。

1. 象征

象征是根据事物的形态、色彩等，取其相似或相近的特点来表现一定的含义。如龙、蟒、凤等是权力和等级的象征；牡丹花通常被称为富贵花，是富贵的象征；狮虎为威仪、权势的象征；桃、龟、鹤、松柏等象征长寿；太平花象征太平；石榴、葡萄等象征多子；梅兰竹菊为四君子（图1-64），象征友谊；莲花象征纯洁；鸳鸯、

图1-64　葱绿色梅兰竹菊纹花绸

并蒂花等象征男女爱情。

2. 寓意

寓意是借一个或一组可以假托、转喻、谐音的形象来传情达意。这种方法在中国工艺美术和丝绸艺术中应用范围极广，如松树与仙鹤搭配起来寓意延年益寿，海燕与荷花搭配在一起寓意海晏河清。如图1-65所示的清代折枝三多几何纹方方锦中，石榴寓意多子，桃子寓意长寿，牡丹花寓意富贵。

3. 谐音

谐音是用事物名称的谐音来表达美好的寓意，也是吉祥纹样的常见手法。如喜上眉梢图案多由喜鹊与梅花组成，喜鹊立于梅花枝上，以喜鹊代指"喜"，"梅"与"眉"谐音，比喻高兴的事情在眉眼间流露出来。图1-66所示的明代红地织五湖四海团花绸，用五个葫芦组成圆形与五湖谐音，四个海螺与四海谐音，此图案寓意五湖四海。

4. 文字

文字是纹样中常用的装饰元素，吉祥纹样也常用福、禄、寿、喜等具有美好寓意的文字来表达，有时也将文字与其他元素组合在一起，以突出纹样的主题。如图1-67所示的清代蓝地织牡丹团寿盘长纹暗花漳绒，其上纹样用圆寿字与牡丹花、盘长组合在一起，象征富贵长寿。

5. 表号

表号是用大众熟知的简略标识或符号来表现一定的意义。如乌（三足乌）代表日，兔代表月亮，鱼表示有余，钱眼、银锭、金锭代表财富等。图1-68所示的明代黑地八宝暗花库缎中就用到了铜钱、珍珠、方胜、珊瑚等表号性元素。

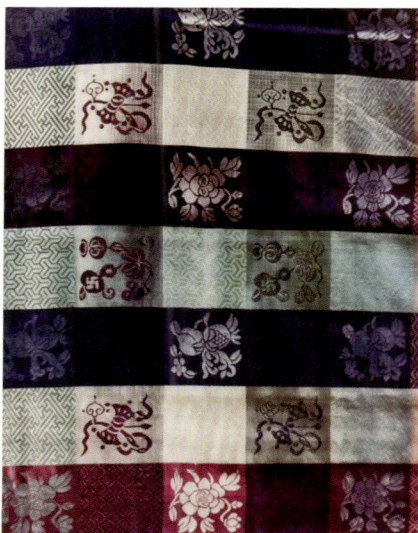

图1-65 清代折枝三多几何纹方方锦

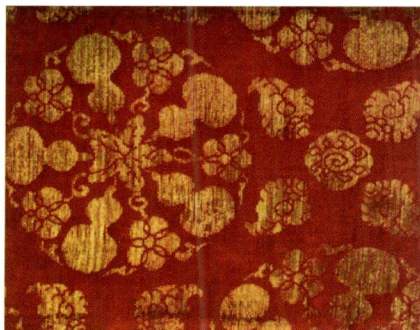

图1-66 明代红地织五湖四海团花绸

图1-67 清代蓝地织牡丹团寿盘长纹暗花漳绒

图1-68 明代黑地八宝暗花库缎

四、吉祥纹样的审美特征

吉祥纹样的创作题材来源于自然万物，并从构图、造型、色彩等方面进行神似而形不似的自由设计，融合了中国历代能工巧匠的智慧和才华，展现着中国博大精深的传统文化，形成了独具特色的审美特征，归纳起来主要有以下几点。

1. 构图求全求满

吉祥纹样是人们审美意识的物化表现形式，人们通过提炼、变形、重构等设计手法，表达对美的理解及对美好生活的向往。吉祥纹样的构图形式多种多样，其中具有求全求满寓意的吉祥纹样多以圆、方或任意形构图为主。纹样布局都较为饱满，构图合理，层次丰富，借以表达美满幸福、十全十美的审美理念。如图 1-69 的清代五蝠捧寿纹刺绣，有机地将五蝠与寿字纹结合，并穿插其他花卉植物纹样，以万字纹为底纹，构图饱满，在有限的圆形中，展现着变化与统一的和谐美。

2. 造型变化统一

吉祥纹样在造型上采用的是平面结构，重点表现的是形象的外部轮廓，对外形特征做平面化或象征性处理，进行大胆夸张、变形，因此，吉祥纹样十分注重形与形之间的相互关系。花草树木、祥禽瑞兽、人物几何等纹样都有着自身独特的文化内涵与造型结构，彰显自身特色的同时又与其他纹样有机结合。同时，在同一空间中既要求整体和谐统一，又追求局部变化多样，不仅增强了纹样的层次感，而且丰富了纹样的文化内涵。如图 1-70 所示的明代喜结连理纹妆花缎，喜字象征喜庆，借"莲"喻"连"，并蒂莲花象征男女爱情缠绵，取名"喜结连理"，寓意夫妻同心、琴瑟和谐。

3. 色彩吉庆祥瑞

吉祥纹样作为中国传统的民间艺术，其色彩也与民俗文化息息相关，大多体现着人们的审美观念和文化观念。中国古代劳动人民在生产实践中形成了五行的哲学观念，五行中的红色、黄色、蓝色、黑色、白色被古人视为吉祥的正色。传统纹样的色彩已超越一般的装饰美化功能，更多的是对特殊情感和文化理念的表达，借助不同色彩的寓意及内涵来满足人们对平安富贵、吉祥如意的渴望。如绿色寓意万年长青，红色寓意四季红红火火，红与绿搭配表示大吉大利，黄色表示丰收等（图 1-71），对不同色彩的运用表达着劳动人民对生活的热爱。

图 1-69　清代五蝠捧寿纹刺绣

图 1-70　明代喜结连理纹妆花缎（局部）

图 1-71　清代彩绦纹地富贵三多纹锦

五、吉祥纹样的文化内涵

吉祥纹样寄托着人们对未来美好生活的希望和期盼，其丰富的内涵、简洁凝练的艺术语言是中国传统文化精神的代表。寓意美好的吉祥纹样应用在纺织品装饰上，使纺织品除了使用功能外更具有了福善吉祥的寓意，突出了其文化功能和社会功能，帝王官宦以此来彰显身份、地位，普通百姓则借此祈愿吉祥。吉祥纹样从内容上看多为祈子延寿、驱邪禳灾、纳福招财等主题，如瓜瓞绵绵（图1-72）、鹿鹤同春、麒麟送子、仙桃延寿、龙凤呈祥（图1-73）等，这些纹样或谐音巧妙，或寓意奇特，其多样的艺术表现手法是值得我们学习借鉴的宝贵民族文化。

图1-72　清代石青色缎绣瓜蝶镶领袖边女对襟夹马褂

图1-73　清代石青色绸绣八团龙凤双喜锦褂

六、吉祥纹样的现代应用

在现代日常生活中，吉祥纹样随处可见，无论是重大的节日，还是普通的婚丧嫁娶、祭祀祈祷等活动都有吉祥纹样的出现。如图1-74所示的现代婚礼服饰，依然使用传统的吉祥纹样。在谭燕玉（Vivienne Tam）品牌2024秋冬系列服装秀上，中国高级珠宝品牌DR钻戒携手全球知名华裔设计师谭燕玉发布了中国高级婚嫁系列珠宝。该系列以"文化和谐，爱由此生"为核心概念，对传统吉祥纹样进行改良与创新，让世界看到了中国时尚设计与婚嫁文化之美（图1-75）。

图1-74　现代婚礼服饰

图1-75　谭燕玉品牌2024秋冬系列服装

设计一些适合在重大场合穿着的服装时，吉祥纹样也会被设计师优先考虑，如图 1-76 是为 2014 年亚太经济合作组织会议设计的服装，其中服装大身、衣袖以万字纹铺底，衣领、袖口、下摆采用了海水江崖纹，均具有祥和美好的寓意。

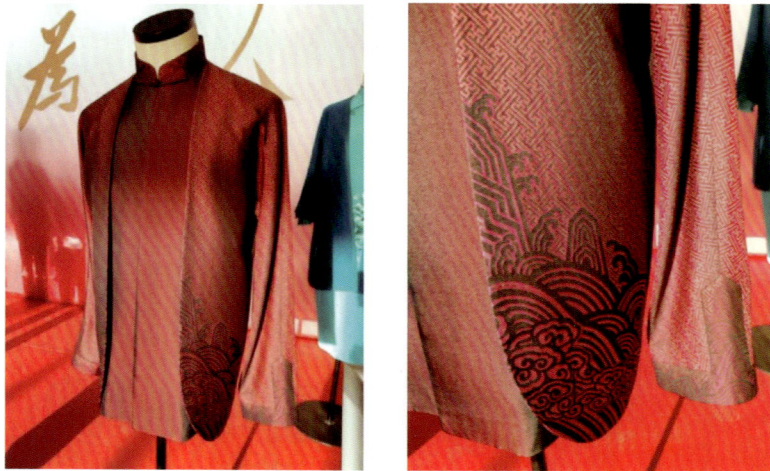

图 1-76　为 2014 年亚太经济合作组织会议设计的服装

此外，在现代时尚服饰设计中，吉祥纹样也频频出现，德赖斯·范诺顿（Dries Van Noten）2012 春夏、华伦天奴（Valentino）2016 秋冬高定系列服装中，均运用到海水江崖纹、龙凤纹等多种吉祥纹样元素（图 1-77、图 1-78）。中国设计师郭培（Guo Pei）设计的 2019 春夏系列服装以"东·宫"为主题，将东方瑞兽——青龙、朱雀、金乌、凤凰、麒麟、仙鹤，以及玄武分身的螣蛇等吉祥纹样融入服装设计中，表达人们对幸福生活的美好祝福和期盼，也传承了东方文明中古老的图腾文化（图 1-79）。

图 1-77　德赖斯·范诺顿 2012 春夏系列服装

图 1-78　华伦天奴 2016 秋冬高定系列服装

图 1-79　郭培 2019 春夏系列服装

在现代服装设计中，只有深入研究并发扬中国吉祥纹样的精髓，根植于民族文化的土壤，才能创造更广阔的设计空间，设计出更多古为今用而不复古的中国吉祥纹样，体现出积极向上、乐观豁达的现代国民气质，为中国吉祥文化锦上添花。

第五节 应景纹样

一、应景纹样简介

应景纹样是中国传统装饰纹样的一种。所谓"应景"有两层含义:一是为了适应当前情况而做某事;二是为了适合当时的节令。应景纹样取其后者之意,是为了应和一定的节令而设计的装饰纹样。明清时期,统治者为了改变单调的宫廷生活,模仿丰富多彩的民间活动和穿衣打扮,根据不同节令创造出一些符合节日气氛的应景纹样,以增添节日气氛。这类纹样多应用于补子和丝绸服饰面料中。一年中不同的时令节日使用不同的应景纹样,这与中国传统文化中的"天人合一"思想遥相呼应,也反映了人们顺应天时、祈福纳祥的民俗意识,与当时的民间风俗有着深厚的渊源,是中国民俗文化的物化表现。

二、应景纹样的主要表现形式

应景纹样多选用具有代表性的事或物组成相应的图像来象征某一节令,不同节令的纹样各有象征,但都离不开祈福纳祥的主题,体现了民俗文化的深厚内涵。

1. 正旦

正旦即春节,是明代的三大节日之一。正旦是一年之始,万物开始生长的时节,此时的应景纹样多以葫芦纹为主。葫芦也称壶芦、匏瓜,壶字是壹字的原型,《说文》解释"壹":"从壶,吉声。"可见葫芦在这里表示"壹",象征万物之始。所以用葫芦纹补子(图1-80、图1-81)迎接正旦,代表了四时之始,与天时是相吻合的。

图1-80 明代葫芦纹补子

图1-81 明代葫芦景龙纹补子

2. 上元节

上元节又称元宵节,传统习俗有赏月看烟花、观灯猜谜、吃元宵、舞龙灯等。灯笼纹是元宵节的应景纹样,也叫"天下乐""庆丰收"。灯笼纹以灯笼为主结构,内嵌几何纹或者花纹,两侧有谷穗纹作为流苏,指代"五谷",周围有时会用蜜蜂做装饰,取"蜂"与"丰"谐音,寓意五谷丰登,如图1-82。以灯笼纹作为装饰的锦称"灯笼锦"(图1-83),又称"天下乐锦",多见于宋元时期,在明清时期也广泛使用,后被列为"蜀十样锦"之一,可见其名贵,也反映了元宵观灯是官民同乐的节日。

图 1-82　明代灯笼纹补子

图 1-83　清代灯笼锦

3. 清明节

清明节是中国重要的祭祀节日之一。节时除了祭祀追思，还踏青赏春，以荡秋千为乐。与之对应的纹样是仕女荡秋千，如图 1-84 所示。

4. 端午节

端午节又称端五节、端阳节、龙舟节等，主要民俗活动有赛龙舟、吃粽子以及佩戴五毒纹饰等。因为五月是仲夏之月，天气渐趋湿热，蛇虫开始活跃，所以避祸禳灾是这一时节民俗活动的重要内容。端午节的应景纹样为艾虎五毒纹，端午节之际宫眷内臣穿着带有五毒艾虎纹补子的服装（图 1-85），五毒即蛇、蝎、蜈蚣、壁虎、蟾蜍，艾虎即虎和艾叶。虎是驱邪的正面形象，五毒是邪毒的象征。

5. 七夕节

七夕节又名乞巧节、七巧节、双七、香日、星期、兰夜、女儿节或七姐诞等，又有牛郎与织女鹊桥相会的传说，七夕节的主要民俗活动有妇女穿针乞巧、祈祷福禄寿、礼拜七姐、陈列花果与女红等。此节的应景纹样主要是表现牛郎和织女在鹊桥相会的场景（图 1-86）。

图 1-84　明代仕女秋千纹补子

图 1-85　明代五毒艾虎纹补子

图 1-86　明代牛郎织女鹊桥补子

6. 中秋节

中秋节又称月夕、拜月节、团圆节等。每逢中秋节，无论宫内宫外，家家供月饼、瓜果，月亮升空后人们焚香拜月神，中秋节的主要民俗便是祭月、赏月、拜月、吃月饼、赏桂花、饮桂花酒等。中秋节的应景纹样主要由天仙、玉兔组成。图1-87为刺绣云龙纹玉兔补子。

7. 重阳节

重阳节源于春秋战国时期，又称重九节，当今又称为老人节。重阳节的主要民俗活动包括出游赏秋、登高远眺、赏菊饮酒、佩戴茱萸、吃重阳糕等，茱萸、菊花是重阳节应景纹样的主要元素（图1-88）。古代把秋天称为菊天，把九月称为菊月，因此重阳节又被称为菊花节。

图1-87 明代刺绣云龙纹玉兔补子

图1-88 明代红地洒线绣金龙重阳景菊花补子

8. 冬至

冬至又名"一阳生"，是中国农历中最重要的一个节气。所谓"阳生"，是十月的卦象为全阴，十一月卦象为一阳，即为"一阳生"，虽然冬至是数九寒天的开始，但也有阳气始生之意。与之应景的纹样有九阳消寒（图1-89）、三阳开泰、太子骑羊、阳生补子等。冬至时宫眷内臣穿阳生补子蟒衣，室内多挂绵羊太子画帖和九九消寒诗图。以太子骑绵羊象征寒去春来，羊与阳谐音，太子身穿的冬衣上肩负梅花枝，预示寒将去，春将来（图1-90）。

图1-89 九阳消寒图

图1-90 明代太子骑锦羊纹妆花缎

三、应景纹样的文化内涵

应景纹样用不同的图形来象征节令，以与天时相应，是儒家"天人相通""天人相类"思想的直接表现，反映了人们顺应天时、祈福纳祥的思想，体现了人们对"天人合一"的追求。

应景纹样的兴起与民俗活动的兴盛有极大的关系，是不同节日民俗活动的物化表现。宋代以来，随着社会生产力的发展，市民的文化生活变得丰富起来。到了明代，商品经济的发展使市镇如雨后春笋般兴起，以工商业者为主体的市民阶层日趋壮大，民俗活动也随之活跃起来，民间的节令风俗得到发扬。种种民间节令活动逐渐影响到宫廷生活，除织绣纹样外，明代晚期在各种宫廷用品的装饰中，普遍出现了与节令相适应的应景纹样和大量的吉祥纹样，这是当时极为活跃的民俗活动在宫廷生活中的折射，也是中国封建社会晚期市民文化蓬勃发展的缩影。

四、应景纹样的现代应用

自古以来，应景纹样作为艺术图案记录着古代的节庆风俗，受社会、文化与宫廷制度的多重影响，纹样作为载体有效地传递着人们驱祸辟邪、顺应天时的节日思想与节日文化。随着现代社会的发展，根据某一节令使用应景纹样的风俗逐渐淡化，但仍有地区保留着相关风俗，如江浙等地的儿童在端午节期间会穿五毒服（图1-91），但纹样与传统的五毒艾虎纹已经大不相同。现代的应景纹样更加简约时尚，适合现代人的生活方式，对应景纹样的合理改造与应用是使中国传统节庆文化焕发新生的正确方式。

图1-91　江浙地区的五毒服

第二章　日本传统纺织品纹样

第一节　樱花纹样

一、樱花纹样简介

樱花纹样（图2-1）在日本有着悠久的历史。早在平安时代，樱花纹样便深受日本达官贵族喜爱，民间也流传众多咏诵樱花的和歌；明治时代，樱花被赋予了更多含义，成为日本与他国交往时显示友好的见证；到了近代，深受日本国民喜爱的樱花理所应当地承担起了国花的角色。

图2-1　樱花纹样

樱花纹样是日本春季气息最浓的花卉纹样，樱花的华贵美丽和散落时的孑然与日本人的美学思想息息相关。樱花纹样被赋予了民族、武士道，甚至是文化的象征，是能够充分展示日本人和风意匠意识形态的代表纹样。樱花纹样的内涵在日本历史上具有多样性，其一，因在春天发芽，所以樱花纹样象征万物之始；其二，相传樱花树是稻神寄居的树，因此樱花纹样还包含着五谷丰登之意；其三，樱花凋零前一瞬的灿烂绽放，代表消亡前的辉煌美丽，是日本物哀美学经典之作的灵感来源。

1. 传统和服中的樱花纹样

樱花纹样色彩艳丽，造型秀气灵动，是和服纹样中的经典。樱花纹样中有八重樱、小樱等抽象化图案，也有写实类图案。在和服中常出现布满全幅的樱花枝纹样，形态万千、变化丰富、色彩缤纷，体现出浓郁典雅的日式和风气息；也有由樱花及其他元素组成多个单元遍布整幅的纹样，更具趣味性和节奏感，如图 2-2、图 2-3 所示。

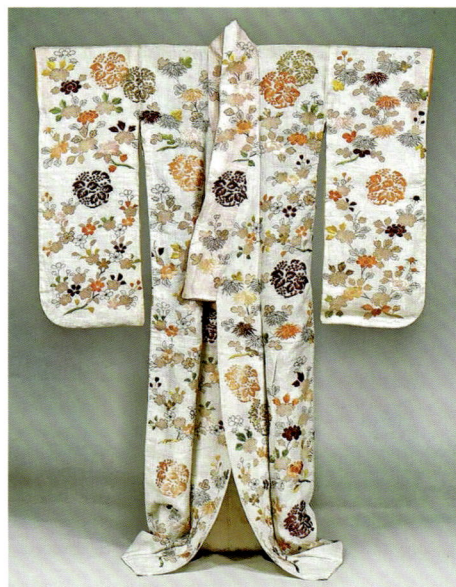

图 2-2　江户时代浅葱底梅松樱竹芦短衫兜纹纹样染绣和服　　图 2-3　江户时代白底樱花桐叶团纹样和服

2. 日本家纹纹样中的樱花纹样

　　家纹纹样是日本家族的象征，是为了表示家族、地位、情感、意识而产生的纹样。家纹纹样具有一定的传承性和识别性，是日本民族意识传承的一个重要表现，它以独特的方式印制在和服、房屋、交通工具和家具器物上，展现了日本独特的美学和文化（图 2-4）。家纹纹样主要遵循左右对称的原则，线条柔和，形式简单明了、容易识别。颜色一般选取黑白两色，具有易于识别的实用性。

两穗稻圆　　香梅飞蝶　　鸟居加相向双鸽　　一波浪巴　　三割圆半蕨　　三并排立鼓　　阴阳二巴

图 2-4　日本家纹纹样

　　平安时代的宫人喜爱樱花，时常举办赏樱宴会，在樱花树下玩纸牌游戏。据《荣华物语》记载，当时的车、武器、衣服、日常用品等多绘有樱花纹样，久而久之便逐渐演变成了家纹纹样（图 2-5）。

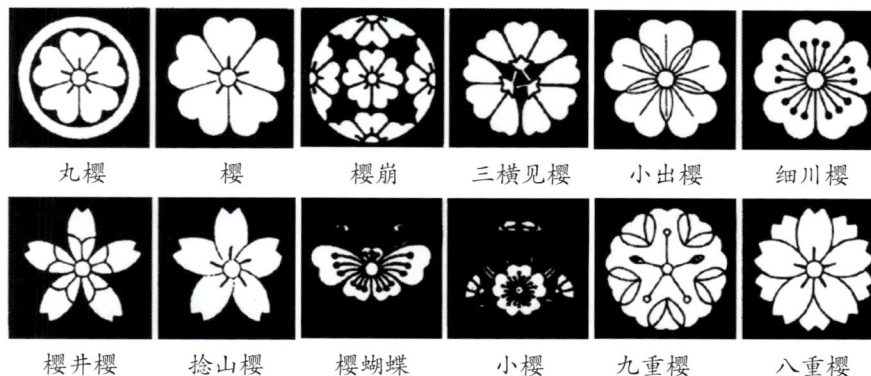

九樱　　　　樱　　　　樱崩　　　三横见樱　　　小出樱　　　细川樱

樱井樱　　　捻山樱　　　樱蝴蝶　　　小樱　　　　九重樱　　　八重樱

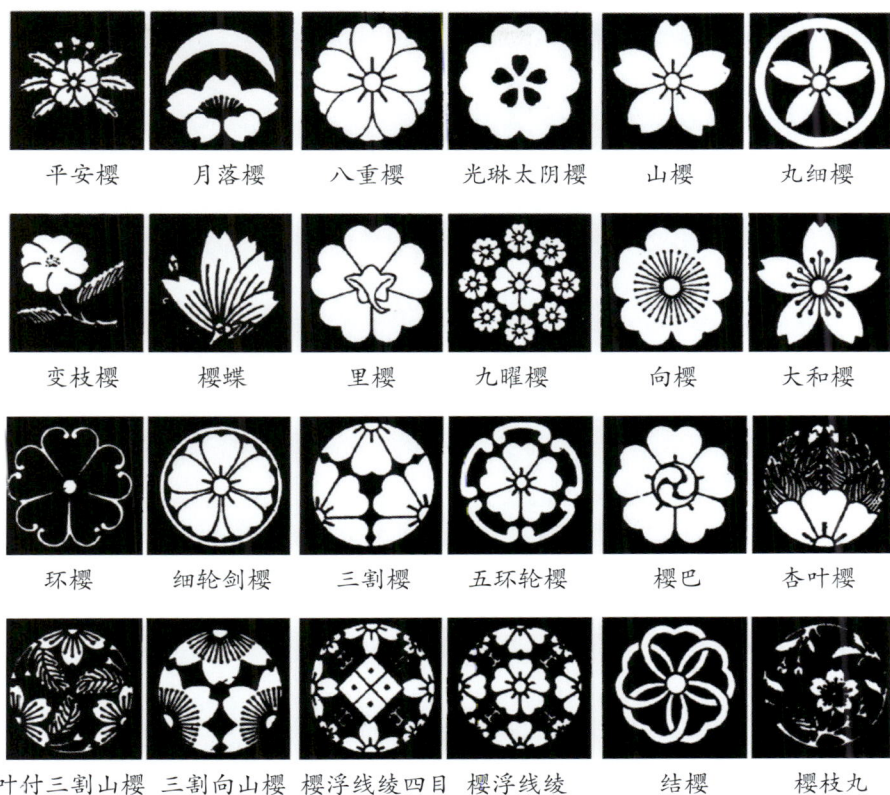

平安樱	月落樱	八重樱	光琳太阴樱	山樱	丸细樱
变枝樱	樱蝶	里樱	九曜樱	向樱	大和樱
环樱	细轮剑樱	三割樱	五环轮樱	樱巴	杏叶樱
叶付三割山樱	三割向山樱	樱浮线绫四目	樱浮线绫	结樱	樱枝丸

图 2-5　樱花家纹纹样

二、樱花纹样的艺术特点

日本传统樱花纹样和其他花卉纹样有着共同的特点，即纤细、优美、素雅，在造型上的特征是平面性，没有明暗和浓淡变化，没有凹凸的色面，常使用一种颜色，花卉阴影的部分使用较深的同类色平涂，把主体衬托出来，花卉亮部使用较为明亮的同类色平涂来增强主体的立体感，把整个花的明暗变化统一在一个色调之内，装饰性极强。其表现形式更形式化、简易化，与真实的樱花相比呈现出不同的物象效果，具有超现实的象征性。构图上使用优美、纤细、具有力度感的线条，给人一种生动的印象（图 2-6）。

图 2-6　生动的樱花纹样

在纹样组合方面，花卉纹样善于和一些基本的直线形或者曲线形纹样组合构图成形，例如与七宝纹、龟甲纹、锯齿纹、蜀江纹等纹样组合配以花卉纹样，可增强整体布局的秩序感；与青海波纹、立涌纹、分铜纹、网目纹、桧垣纹等曲线形纹样组合在一起配以花卉纹样，可增强整体布局的律动感；与纱菱形纹、工字纹、万字纹等纹样组合在一起配以花卉纹样，可增强整体布局的趣味感（图 2-7、图 2-8）。

图 2-7 青海波牡丹纹样

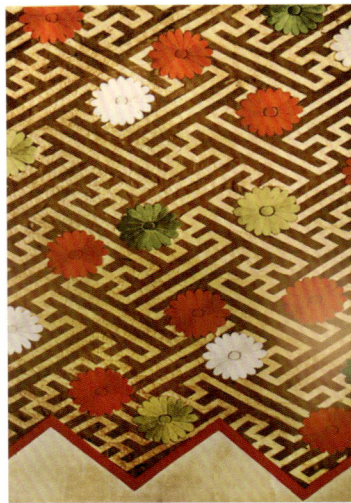

图 2-8 万字曲水菊花纹样

三、樱花纹样在现代服装及纺织品中的应用

樱花纹样在现代服装及纺织品中有广泛应用。例如，迪奥（Dior）品牌 2019 早秋男装系列大秀在东京台场站（Telecom Center Station）举行，与重量级的日本艺术家空山基（Hajime Sorayama）合作，举办了以"樱花树与机械姬"为主题的迪奥 2019 早秋男装系列东京发布秀（图 2-9）。

图 2-9 迪奥 2019 早秋男装系列

京都著名和服品牌 SOU·SOU 由设计总监若林刚之、面料纹样设计师胁阪克二、建筑师辻村久信联合创办，多以日本传统纹样为元素进行再设计，致力于让日本传统纹样拥有崭新魅力，其中便有樱花纹样的应用。如图 2-10 中的服装纹样是一重樱纹样和八重樱纹样的结合，图 2-11 是以樱花和菊花为主题创作的家纹纹样，图 2-12 是色彩丰富、更具现代特色的樱花纹样。

图 2-10　SOU・SOU 品牌樱花纹样服装

图 2-11　SOU・SOU 品牌樱花、
菊花纹样针织袜

图 2-12　SOU・SOU 品牌樱花纹样针织袜

第二节　四季草花纹样

一、四季草花纹样简介

　　四季草花纹样指的是由四季的花卉植物组合而成的纹样。图 2-13 是 16 世纪桃山时代创作的小袖作品，现藏于日本京都国立博物馆，名为练纬地四季草花纹样小袖。小袖并非服装上窄小的袖子，而是衣袖宽大并带有纹样的一种和服，这种小袖衣装也被看作现代和服的原型。

　　练纬地四季草花纹样小袖中的纹样采用四格构图，给人以平稳之感，搭配代表四季的繁茂植物花卉，交替反映纹样的形式美，表现自然中旺盛的生命力，同时采用绣箔工艺手法，体现了纹样的富丽华贵。

　　图 2-14 为 18 世纪下半叶的风景歌文字纹样单衣。服装整体采用防染工艺，局部以刺绣点缀。衣身装饰有和歌文字、风景、

图 2-13　练纬地四季草花纹样小袖

四季花卉等，从下至上的纹样象征着从春到冬的变化。单衣下摆多装饰春季植物纹样，如蒲公英、地丁、堇菜、紫云英等；单衣中部装饰有象征秋季的枫叶纹样；单衣最上段的领口与肩袖位置装饰有象征冬季

的若松纹样。此外，单衣中的松树纹样也从最下端的老松纹、中段的笠松纹过渡到上端代表希望与新生的若松纹，有着自下而上逐步焕新的寓意。

图 2-14　18世纪下半叶的风景歌文字纹样单衣

二、四季草花纹样的艺术特点

由于日本人民生活在富有四季特色的自然风土环境中，他们对四季的微妙变化感知更细腻，慢慢地把自然的变化融入生活，形成了日本民族的自然观。日本人民欣赏自然、赞美自然，对自然的热爱也集中体现在了纹样上，最能体现自然变化的四季草花纹样尤其注重强调自然效果和美感，如图 2-15 所示的四季草花鹤龟纹样、图 2-16 所示的相良刺绣四季草花和服纹样。

图 2-15　四季草花鹤龟纹样

图 2-16　相良刺绣四季草花和服纹样

四季草花纹样在色彩应用方面也有着季节感的基调。日本人民自古以来就喜爱自然之色，特别喜爱春夏秋冬一草一木的色彩变化，他们对颜色有着深刻、细腻的认识与解读，纹样色彩与季节联系紧密。春天是万物生发之际，嫩黄、嫩绿的草色和浅葱色是纹样的主色调；初夏，新绿中映出了棠棣色和藤色等；盛夏之时，为了表现一丝凉意，常用蓝色和绀色作为纹样的主色调；到了秋天，多以金茶色、暗茶色、紫色作为主色，身着这样的服装，衣上飘落的红叶和周围的环境十分应景；冬天，为营造温暖的感觉，暖暖的小豆色、莲红色或绯色是这个季节的常用之色。

三、四季草花纹样的现代应用

四季草花纹样中涵盖了多种日本传统植物纹样，如樱花纹、菊纹、桐纹、梅纹、唐草纹、稻纹、浮草纹、草花纹、莲花纹、红叶纹、蔓纹、枫纹、秋草纹、柳纹、椿纹、棣棠纹、橘纹、葵纹、西瓜纹、葡萄纹，及各种果树纹、银杏纹、鸡头纹等纹样。这些日本传统植物纹样在现代服装设计中也多有出现，在应用中通常会根据服装款式的特点来进行选择和设计，使之与服装设计的整体风格相协调。如以"18th Centery Punk"为主题的川久保玲 2016 秋冬系列服装（图 2-17），运用了传统和服中常见的植物花卉纹样，搭配先锋的造型，使设计显得古典而又现代，在不同元素的杂糅中，蕴含着柔美与坚硬的双重气质。

图 2-17　以"18th Centery Punk"为主题的川久保玲 2016 秋冬系列服装

日本婚纱设计师桂由美（Yumi Katsura）也是一位热爱日本传统文化的设计师，她在自己的作品中融入了大量的日本传统和服元素。在桂由美 2017 春夏高级定制系列服装中（图 2-18），她将四季草花纹样用于连衣裙设计，模特的手臂和肩颈裸露在外，将日本女性传统的包裹式服装与西方的开放式服装相结合开创了新式和服设计，作品充分地展示了传统主义与现代主义的融合。

图 2-18　桂由美 2017 春夏高级定制系列服装

第三节　友禅染纹样

一、友禅染纹样简介

友禅染纹样是一种以日本江户时代中期京都一位名叫宫崎友禅的绘染师的名字命名的特色染色纹样。宫崎友禅于17世纪末期在京都从事扇面绘画工作，并将绘画手法引入染织领域，之后演变为一种工艺和纹样的名称。18世纪初，随着市民阶层的日渐富裕，友禅染纹样成为当时的流行时尚。

从江户时代的元禄时期发展至今，友禅染已有400多年的历史，到现今作为和服装饰的加饰技法一直被长期使用（图2-19）。友禅染纹样以缤纷的色彩及简化的曲线描绘动植物、器物、风景而著称，其纹样风格华丽绚烂、古典雅致，而且带有现代主义设计的理性风格，是日本人的挚爱和日本艺术的象征。

图2-19　红叶纹样友禅染小袖

二、友禅染纹样的艺术特点

1. 友禅染工艺

友禅染是用糯米浆糊料进行纹样描绘用以防染的一种染色工艺。具体工艺流程是采用三角锥形的涩纸筒挤出"丝目糊"即浆糊线，沿着纹样轮廓勾勒出精细的线条，以防止随后染绘色彩时相邻的颜色掺混，在染出多层次的色彩之后再用浆糊料将已经染好的部分覆盖住，用以防止染料渗入。

2. 友禅染纹样的色彩与题材

友禅染纹样的表现技法独特，除使用传统图形外，还将有机图形与无机图形巧妙结合，于传统华美之中彰显现代机械之美。直线及几何图形的使用使日本友禅染具有了现代美。其精妙之处在于无机图形与花卉植物或柔软的线绳等图形的结合，以自然之形冲淡无机之形的冷峻，又以无机之形给予有机之形风骨。

友禅染纹样的色彩因时期不同而有所变化，初期友禅染的色彩不多，多为纯色，后来逐渐发展出晕色、染色技法，并呈现出细致化、多样化的特点。纹样风格的变化也随着友禅染技术的成熟更接近绘画。

友禅染纹样的选材雅致、种类繁多、意义美好，如传统的樱花、梅竹、兰花、菊花、牡丹花，如图2-20所示的暮枝垂樱友禅染小袖。友禅染纹样中也常出现场景纹样（图2-21），即一种带有文学叙事性、抽象性、观念性的纹样表现形式，运用友禅染工艺所表现的场景纹样在18世纪前期和中期都十分流行。

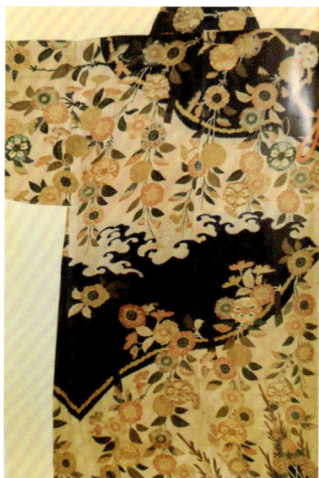

图 2-20　暮枝垂樱友禅染小袖　　　　图 2-21　友禅染场景纹样

3. 友禅染纹样的分类

友禅染纹样根据题材与用色的区别，可以分成三类：京友禅染纹样、加贺友禅染纹样以及东京友禅染纹样。京友禅染纹样是友禅染纹样中的上品，其色调柔和、色彩华丽、配色丰富考究，以程式化的古风纹样为主，如有职纹样（有职纹样始于平安时代，当时用于公务活动的服装、器具、花车等的染织品叫作有职织物，在织物上面施加的纹样便为有职纹样，和琳派纹样（用金银箔作背景，题材多为花木鸟兽或人物故事）。有职纹样多为团花纹或几何纹，反映公职人员的审美和情趣，到近代以后逐渐程式化（图 2-22）。

加贺友禅染纹样的用色也较丰富，以加贺五彩即胭脂色、土黄色、草绿色、紫色、蓝色等明度比较深的色彩为多，沉稳优雅中彰显艳丽。纹样题材相对单一，以花鸟草虫为主（图 2-23）。

图 2-22　葵纹付唐织油箪　　　　　　　图 2-23　加贺友禅纹样

东京友禅染纹样与京友禅染纹样、加贺友禅染纹样的主题稍有不同，除了自然植物外，还以江户城中的市井文化为背景，更加贴近百姓生活，其色调沉稳朴素而充满市井气息。同时伴随社会的变革和经济的繁荣，市民阶层中旅行热潮兴起，一些著名建筑被刊登在流行刊物中，反映出当时的生活风貌。江户时代制作的友禅染纹样，大量描绘了宫阙御辇、茅屋柴扉、松竹梅等风景建筑，特别是近江八景和京都宫津海湾等美丽的风光。

4.友禅染纹样的构图方式

友禅染纹样的构图方式相当考究，其特点为构图严谨、主次分明、疏密处理恰到好处，有一种隐含的秩序美，具有极强的视觉冲击力。

（1）不对称式构图

在中国传统纹样中，中心式、对称式构图比较常见，画面整齐有序，彰显威严且气势宏大。与硬朗的中国传统纹样相比，友禅染纹样的构图相对柔和，日本人崇尚自然、融入自然的性格使他们更重视设计中的随意性，美源于自然的理念使他们在表现美时抛弃了对称的样式，因此，友禅染纹样用不对称的自由式构图来打破对称式构图的僵硬之感，这种构图细腻而柔美，于静态中产生微微动感（图2-24）。

图2-24 不对称式构图的友禅染纹样

（2）散点分区构图

按纹样的丰满程度，友禅染纹样可分为满花与留白两种样式。散点分区构图中的各个视觉要素基本处于同一层面，其排列不论密集与松散，形状不论大与小，在视觉上都同时传达给观者，从而给人稳定精细之感（图2-25、图2-26）。

图2-25 流水红叶秋草友禅染小袖

图2-26 樱树友禅染小袖

这种构图方式将数量众多的内容同时呈现，并且毫不杂乱的造型元素被分成几十个甚至数百个区域铺满整块布料，这些区域或是几何形状或是有机不规则形状，以叠压的方式相互连接。这样划分区域的方式可以容纳更多的内容，不仅使繁多的造型元素显得有序，也可以使毫无关联的元素同时出现在画面中而不显突兀，同时把图形所散发的张力均匀聚拢，从而产生一种安静、稳定的丰裕之感。

三、友禅染纹样的现代应用

近代以来，日本政府发布的政策开始向振兴与保护传统工艺转变，对传统手工艺产业的重视有利于地域经济的重建与本土文化的恢复。友禅染纹样以其大众化的特性历来与民众日常生活的兴趣和需求相连，尤其是运用型纸制作友禅染纹样的型友禅染工艺的出现，降低了手绘友禅染的生产成本，使友禅染工艺进一步在大众市场普及，为后世友禅染工艺的传承与创新积聚了力量。

森口邦彦是当今改良友禅染传统工艺并进行创新设计的佼佼者。因传统友禅染工艺可最大限度发挥创作者的创造性，纹样造型的表现空间极为自由，森口邦彦正是立足于此工艺的优势，将对自然物的直觉观察与理性科学原理相结合，将大量传统的友禅染纹样进行革新设计，创造出众多崭新而富含现代风格的和服纹样。在其对友禅染工艺的技术革新中，莳糊工艺的加入有效增强了纹样的立体感，营造了真实与梦幻重叠的意境。在森口邦彦的设计中，通常运用最简单的点、线、方形、圆形等几何造型要素，在二维平面上创造性地表现三维的空间世界，给传统的友禅染纹样带来结构与秩序上的重新思考（图2-27）。与此同时，森口邦彦也以历史沉淀的技法和感性为出发点，将友禅染和服延伸到其他物品中。图2-28所示为森口邦彦为三越百货店设计的购物包。

此外，被誉为"设计鬼才"的日本设计师山本耀司也经常使用友禅染这一日本传统工艺，其为日本导演北野武的电影《玩偶》设计的和服便是使用友禅染工艺制成，服装色泽艳丽、图案精致，与整部电影的忧郁氛围形成了鲜明的对比，如图2-29所示。

图2-27　森口邦彦设计的友禅染和服

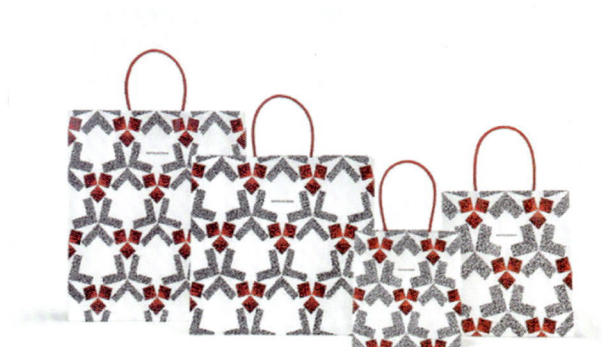

图 2-28　森口邦彦为三越百货店设计的购物包

图 2-29　山本耀司设计的友禅染和服

第四节　场景纹样

一、场景纹样简介

场景纹样指以山石、树木、水、云、建筑等元素组合而成的，表现一定景观物象或场景活动的纹样。

日本的场景纹样一类是以自然风景为创作背景；另一类则不直接采用现实中的景物作为纹样的素材，而是借用文学作品以及各种古歌谣中描述的情节、场景、意象，通过提炼、萃取想象出一种典型的象征图形，同时用色彩表现文学作品中的诗词意境。这类纹样带有明显的文学色彩，因此也被称为文艺纹样。

二、场景纹样的艺术特点

日本场景纹样在平安时代的妇女装束中已有表现，到了江户时代，得益于友禅染工艺的发明和成熟，和服中出现了大量的传统歌谣、诗歌等纯粹的具有文艺特色的场景纹样，像近江八景、京都名胜等著名纹样都用友禅染工艺在和服中呈现，如图 2-30、图 2-31 所示。

图 2-30　加贺染浅葱缩面地近江八景名所纹样

图 2-31　加贺染中的场景纹样

　　日本的近江八景是仿照中国洞庭湖潇湘八景选定的，洞庭湖潇湘八景为平沙落雁、远浦归帆、山市晴岚、渔村夕照、洞庭秋月、潇湘夜雨、烟寺晚钟、江天暮雪；日本近江八景也称琵琶湖八景，由坚田落雁、矢桥归帆、粟津晴岚、濑田夕照、石山秋月、唐崎夜雨、三井晚钟、比良暮雪八景组成。葛饰北斋、安藤广重等都创作过关于近江八景的绘画，深受日本民众喜爱（图2-32、图2-33）。近江八景中有部分纹样是依据日本平安时代女作家紫式部创作的长篇小说《源氏物语》中某些章节设计的，由落雁、暮雪、晚钟、夜雨、夕照、晴岚、归帆、秋月这些故事中的场景凝练成的视觉符号，借纹样寄托人的忧郁和寂寞之情。

图 2-32　濑田夕照　安藤广重绘

图 2-33　石山秋月　安藤广重绘

　　这种从古典作品中提炼出许多场景、道具，诸如府邸、公馆、栏杆、幔帐、冠冕、丝柏骨扇，再配上四季花卉、树枝、山水等，形成具象而固定的纹样，也称作"御所解纹样"，如图2-34所示。用现在的审美眼光来看，我们仍然可以从这些隐喻符号中领悟到文学作品所带来的浪漫和温情。

图 2-34　御所解纹样

第三章　印度传统纺织品纹样

第一节　佩兹利纹样

一、佩兹利纹样简介

佩兹利（Paisley）纹样是一种印度常见的纹样，形似腰果，有独特的长椭圆形与微涡卷状细尖尾部，曲线流畅，造型优美（图3-1）。这一纹样在全球范围内被大面积使用，且一直在影响着文化、建筑、纺织品设计及时尚潮流，在中国古代被称为火腿纹、巴旦木纹，在日本被称为曲玉纹，在非洲被称为腰果纹。

佩兹利纹样历史悠久，是印度最重要、最具有代表性的纹样之一。佩兹利纹样最初由克什米尔人用提花和色织工艺应用于披肩设计上，后苏格兰西南部的佩兹利城市发展了机器织造业，使得应用该纹样的披肩、头巾、围巾远销世界，佩兹利纹样也因此得名。

佩兹利纹样据说是来自印度教里的生命之树——菩提树的叶子（图3-2）。也有人从芒果、切开的无花果、松球上找到佩兹利纹样的影子。

在我国新疆地区有与佩兹利纹样颇有渊源的巴旦木纹样，这是一种以巴旦木杏仁外壳为原型而发展出的一种纹样。巴旦木生长于中亚及我国新疆地区，其果实为巴旦杏，是一种扁桃。巴旦杏在这一地带被视为可以强身健体、祛除或预防疾病的宝果，"巴旦木"一词则是该地区的人民对波斯语badam的一种音译。在维吾尔族的日常生活中，巴旦木纹样是最常用的纹样之一，在维吾尔族的花帽（图3-3）、艾德莱斯绸、地毯及其他金属制品等器物上，随处可见其身影。

図 3-1　佩兹利纹样　　　図 3-2　菩提树叶　　　図 3-3　维吾尔族花帽上的巴旦木纹样

二、佩兹利纹样的艺术特点

1. 佩兹利纹样的曲线美

佩兹利纹样反映了印度人对自然的崇敬，印度的宗教美学非常崇尚"圆"的概念，他们认为圆润的

线条能表现生命力。佩兹利纹样的外形符合黄金比例,头部圆滑,尾部蜿蜒卷曲。头部圆滑的特点表现人们对家庭和睦、生活美满的美好愿望,尾部卷曲使纹样造型灵活生动。

2. 不同文化影响下的佩兹利纹样

受伊斯兰教影响,佩兹利纹样内部填充的大多是带有浓厚伊斯兰风格的繁密植物花草纹样。花草纹样的写实性相对较强,不完全拘泥于抽象的形式,色彩丰富。图3-4为17世纪之前的佩兹利纹样。17~18世纪中期,佩兹利纹样的这种写实风格更为明显。

18世纪30年代以后,由于洛可可艺术的流行与发展,佩兹利纹样又相应地出现了适时而变的新特征。洛可可艺术刚出现时,自然主义的花卉是主要的装饰题材。而到了后期,以莲花、棕榈叶等纹样所构成的涡卷纹样等成为装饰纹样的主导。在洛可可艺术风格风行之时,佩兹利纹样转而发展为繁复、阴柔之态,纹样单体的内外都由烦琐的多个图形组成,纹样轮廓也不再那么清晰可辨,这是当时人们对洛可可风格过于狂热的追求所致。18世纪中期以后的佩兹利纹样整体逐渐变得细长,头部也更加弯曲,头部甚至弯曲到与尾部连到一起,该特征成为这一时期佩兹利纹样最为鲜明的特点。在洛可可风格的影响下,佩兹利纹样不仅圆头尖尾的基本轮廓被拉长,还出现了更加繁杂的装饰——内部填充了无数精细的几何纹样与植物纹样,轮廓边缘也环绕大量的细小纹样。此外,纹样排序也更加自由,不再像之前那样有序排列,转而呈现为更自由、更有动感的样式。图3-5为洛可可风格影响下的佩兹利纹样。

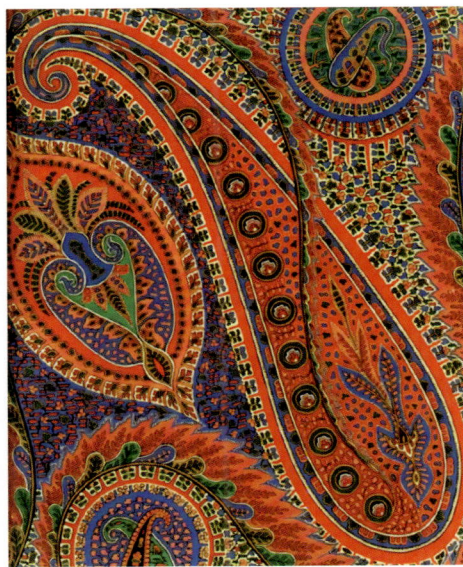

19世纪是佩兹利纹样的大发展时期,无论是在纺织品上还是在其他装饰物上,佩兹利纹样随处可见。该时期的佩兹利纹样尽管繁复,但形式感更强了,纹样外形已经高度程式化。并且佩兹利纹样的题材范围也大大扩展了,各种类型的纹样均被加以使用。图3-6为19世纪的佩兹利纹样。

图 3-4 17世纪之前的佩兹利纹样　　图 3-5 洛可可风格影响下的佩兹利纹样　　图 3-6 19世纪的佩兹利纹样

佩兹利纹样的流变是融合多种艺术风格、多种文化的结果,历经百年之后,与生命树的崇拜紧密联系在一起的最初内涵与意义已经逐渐减弱,在高度程式化之后,甚至只是作为一个纹样符号在使用,这种最初内涵的淡化是一个必然的过程。

三、佩兹利纹样的现代应用

佩兹利纹样寓意吉祥美好、绵延不断，具有细腻、繁复、华美的艺术特征，伴随着服饰与家居文化的发展，今天佩兹利纹样已渗透在各种服饰与家纺设计中，可谓数百年来流行不衰，被喻为兼具传统经典与现代时尚两重特性的纹样。在 2011 年 6 月 5 日的印度传统纺织品会议上，著名纺织品策展人贾斯玲女士说："佩兹利纹样是印度传统工艺美术和文化中重要的一部分，它历经了时代的变化和融合成为民族的一部分。全球设计师依然在使用这一纹样。"佩兹利纹样作为常见的经典装饰元素，有着广泛的使用范围。如由吉墨·艾绰（Gimmo Etro）创立的意大利品牌艾绰（ETRO），便钟情于在秀场服装中运用佩兹利纹样元素，2017 年米兰时装周艾绰秋冬系列、2019 年米兰时装周艾绰春夏系列等都有佩兹利纹样元素，如图 3-7、图 3-8 所示。

图 3-7　艾绰品牌 2017 年米兰时装周秋冬系列服装中的佩兹利纹样

图 3-8　艾绰品牌 2019 年米兰时装周春夏系列服装

此外，象征着美式复古的 Bandanna 方巾上常出现佩兹利纹样的身影（图 3-9）。"Bandana"的意思是"有印花的大手帕"。纯正的复古 Bandana 方巾上多为佩兹利纹样和鸢尾花等。在 20 世纪 60 年代的美国，Bandana 方巾真正成为大众流行的搭配单品。当时正值嬉皮士运动兴起，嬉皮士和摇滚青年们穿上带有佩兹利纹样的服装标榜叛逆的个性。佩兹利纹样也在此时依靠青年街头文化的兴起再次风靡。1968 年，披头士乐队多次前往印度进行表演，他们从印度的文化与艺术中汲取灵感，同时穿戴有印度特色的服装与配饰，佩兹利纹样频繁地出现在他们的装扮中，装点着他们复古而神秘的外在形象（图 3-10）。偶像效应的引领使得青年群体对佩兹利纹样的热情达到了新的高度，这一现象彰显着嬉皮士们对异域风格的向往以及对质朴真挚的精神世界的共同追求。

图 3-9　印有佩兹利纹样的 Bandanna 方巾

图 3-10　披头士乐队

直至现在，在各大街头品牌乃至奢侈品牌的设计中，嬉皮士风格的佩兹利纹样也仍然占据一席之地，其影响力可见一斑。如维吉尔·阿布洛（Virgil Abloh）设计的 2022 年早秋路易威登（LV）系列服饰（图 3-11），部分服饰以做旧佩兹利花纹为装饰，实现了将传统意义上的正装、工装、街头服饰等各种服装类型与当代年轻人着装理念的结合。

图 3-11　2022 年早秋路易威登系列服饰

第二节　萨拉萨上的纹样

一、萨拉萨简介

萨拉萨（sarasa）也称更纱，是源自印度的一种套色印花布，运用特殊的印染工艺使得印花线条精美流畅、色彩丰富多样、具有鲜明的异域民族风格，由此萨拉萨吸引了无数目光，如今已遍布世界各地。

二、萨拉萨上的纹样的艺术特点

1. 印度与欧洲风格相结合

产自印度南部科罗曼德尔沿岸地区的萨拉萨色彩鲜艳，不易褪色，更能满足贸易需求。英国、法国、荷兰等国的商人看准了这种织物在本国的巨大商机，于是将本国的设计图册运往印度。17世纪末，具有印欧风格的织物出现在市场上，它们迎合了英国、法国、荷兰三国人的不同品位。萨拉萨最初主要用于室内装饰，如用作绣花门帘，当年玛丽·安托瓦内特女王用其装饰居室，后来在墙壁、地板装饰中的使用变得普遍起来。

萨拉萨上纹样的镶边上也绘有能够体现欧洲文化传统的典雅花环以及各式饰物和穗带，如图3-12为印有生命树纹样的萨拉萨。

图3-12　印有生命树纹样的萨拉萨

2. 特殊工艺

萨拉萨的美丽主要在于其高质量的印染技术，印度常用的印染工艺有雕版印染工艺，其中一种为"阿兹勒格"（Ajrakh），是借助凸纹模板使用防染剂和媒染剂在织物上印染的工艺（图3-13）。现在印度的拉贾斯坦邦、古吉拉特邦和巴基斯坦的信德还在生产制作。

图3-13　模板印花"阿兹勒格"

由于现代化发展，印度印染工艺随着时代的进步也在不断地改进，逐渐用化学染料取代植物染料，或者将两者混合使用。但印度印染手艺人仍一直坚持拓印的手工方式，其传统的核心工艺仍然坚持使用，延续了传统手工的生命力。

3. 审美特点

　　萨拉萨上的纹样装饰美包含了多重的色彩搭配、丰富的纹样组合、细密的线条构成、饱满的构图排版。这种装饰美大多数具有象征意义，如象征着权力、地位以及世间万物生命力的繁盛等，具有神秘、美丽而精致的艺术特点，丰富了印度人的生活。

　　萨拉萨上的纹样色彩主要分为对比色和同类色两种风格，色彩以茜草红色、姜黄色、天空蓝色、植物绿色等多色组合为主。在对比色上，最明显的特征是搭配使用几种纯度较高的色彩，用色大胆，形成强烈的色彩对比和视觉冲击力（图3-14、图3-15）。在同类色上，最明显的特征是运用几种相近的色彩，色彩之间相互呼应，形成和谐统一的视觉效果。在长时间的实践过程中，萨拉萨织物能充分反映出消费者对色彩的需求，例如红色是印度人很喜爱的颜色，有辟邪、吉祥的寓意。

图3-14　萨拉萨上的植物纹样1

图3-15　萨拉萨上的动物纹样

　　萨拉萨上的纹样结构遵循着形式美的原则，即均衡、重复、对称等，充分体现印度古典美学中的平衡与和谐之美。纹样构图饱满，一般都有装饰性的区域和明快的轮廓，经常运用二方连续、四方连续、左右对称、中心对称等造型手法。纹样大部分采用框式适合纹样，即以长方形、正方形等形式呈现，大部分印度雕版印染工艺品上面的纹样是由边饰纹样与中心纹样构成的，其中边饰纹样一般由多层边饰纹样组合形成，多为二方连续形式排列。

　　图3-16为萨拉萨上的海洋纹样。该印度雕版印染手巾有边饰纹样和中心纹样，其中宽型的混合边饰纹样是由条形纹样、贝壳纹样组成两道边饰纹样，在最里面的边饰中的贝壳纹样呈单独纹样，上下交错排列，形成一列，每个贝壳的间隔具有规律性，繁而不乱。珊瑚纹、海马纹、鱼纹、贝壳纹、波浪纹组合在一起作为该手巾的中心纹样，零散地布满手巾中心，其组合题材丰富，让整个画面具有故事性。其中中心纹样中的贝壳和边饰纹样中的贝壳是同种纹样，它们之间内呼外应，在整个画面中起到调和的作用。边饰纹样中的贝壳纹排列方式呈现静态，而中心纹样中的贝壳纹穿插在整个画面中，没有规律性排列，具有动态，使边饰纹样和中心纹样的状态不一致，一静一动，再加上中心纹样像海马和海鱼在穿梭游

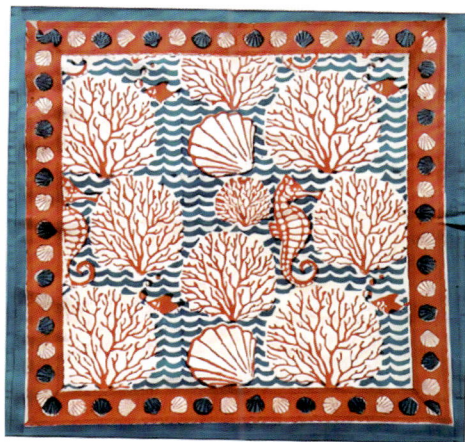

图3-16　萨拉萨上的海洋纹样

走，整个画面看上去动静结合，生动有趣。

萨拉萨上的纹样呈现出的标志性特点之一是大部分纹样由细密的线条构成，这种艺术风格应该是受到印度细密画的影响。印度人热爱细密的线条所构成的纹样，无论是在绘画中，还是在纺织品印染纹样中。这种由细密线条构成的曲线风格纹样，其线条纤细、流畅、规整、均匀，具有强烈的装饰性，同时显得纹样精美别致，体现出无冲突的和谐之美，诠释了印度古典主义美学观念。线描是东方造型艺术中的重要元素之一。工整细腻的线条构成饱满的纹样，再将多个不同题材的纹样组合在一起形成大面积的饱满纹样，这些纹样通过细密的线条组合在一起，能让人们从中感受到印度雕版印染工艺品的独特艺术风格（图3-17~图3-20）。

图3-17　萨拉萨上的鸟与树木纹样

图3-18　萨拉萨上的环形纹样

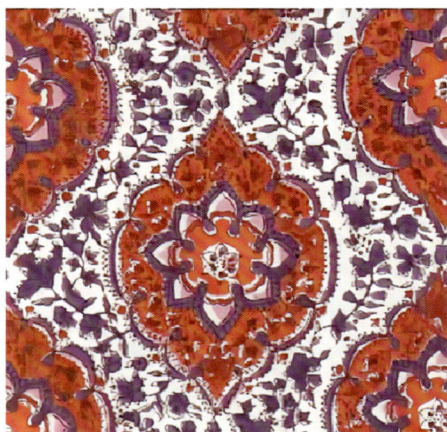

图3-19　萨拉萨上的植物纹样2

图3-20　萨拉萨上的植物纹样3

三、萨拉萨上的纹样的现代应用

印度印染工艺历史悠久、传播广泛，在现代主义设计的影响下，其工艺趋向多元化发展并且在本土品牌的建设、推广等方面已经走向国际化。

1. 在服饰中的应用

如今在全球的传统手工艺服饰市场中，萨拉萨上的纹样正在蓬勃发展，印度知名品牌Anokhi、Fabindia和Soma的雕版印染服饰产品早已销往全球，并被全球市场所接受。设计师对传统的雕版印染服饰产品进行改良设计，对雕版印染工艺也进行改良，除此之外，他们还尝试与新材料结合，使得印度雕版印染服饰产品焕发新活力，颇受消费者追捧。图 3-21 为 Fabindia 的连衣裙，图 3-22 为 Anokhi 的手提包。

图 3-21　Fabindia 连衣裙

图 3-22　Anokhi 手提包

2. 在家具装饰中的应用

Anokhi 品牌的设计师在家居装饰产品中充分运用了印度传统工艺文化与自然纹样，如图 3-23 为 Anokhi 的茶席。该设计利用传统的印度雕版印染工艺，选用草木作为茶席纹样进行再设计。图 3-23 中茶席的纹样主要由生命树纹样和卷草纹样组成，生命树纹样作为主要纹样在茶席中间规整排列，卷草纹样则在茶席的四周以二方连续形式排列，呈宽条状。这种均衡和对称的艺术形式让整个茶席表现得典雅、大气、规整。此外，Fabindia 品牌的设计师也设计开发了这种印度传统印染风格的家具装饰产品，如台灯、棉被、抱枕等，如图 3-24~ 图 3-26 所示。

图 3-23　Anokhi 茶席

图 3-24　Fabinadia 台灯

图 3-25　Fabinadia 棉被

图 3-26　Fabinadia 抱枕

第三节　生命树纹样

一、生命树纹样简介

神树崇拜是人类文明史上最古老的信仰之一，源于原始社会的万物有灵观念，反映了人们对大自然的敬畏与依从心理，表达了人们对美好生活的热切期望。生命树的主题（图 3-27）以不同形式出现在各地的民间传统、艺术与文化中，大都与生命不朽和生育绵延有关。

在印度传统文化里，有多种树被尊为生命树，如具有强大生命力的榕树与菩提树，还有能够孕育很多果实的石榴树、无花果树等。

图 3-27　生命树纹样

二、生命树纹样的艺术特点

1. 生命树纹样的象征意义

古印度婆罗门教认为生命树是宇宙的轴心，它将天地相连，将想象中宇宙间不可见的精神结构与树这种物质结构相融合，代表了生命发展最完美的状态。如图 3-28 所示的 19 世纪初期的墙壁挂布上，树木被设计成水滴状，外形像一束插在大花瓶中的花束，在树根处绘有一对孔雀和两只正迅猛有力地扑向鹿的老虎，整幅纹样象征着丰收。

图 3-28　19 世纪初期的墙壁挂布

2. 生命树纹样的构图特征

生命树纹样是集合了宗教信仰、民俗生活习惯而设计的吉祥纹样。生命树的枝干强壮，枝繁叶茂，果实饱满丰厚，有时树下伴有象征吉祥的动物。在纺织品等材质上呈现这一纹样时生命之树垂直向上，左右分置不同的花朵、人物、动物等，让人感受到生命的价值和纹样的神圣张力。不管是在建筑上还是在纺织布料上，这一纹样从皇室到平民都有使用（图3-29）。这类纹样常为不断连续的 S 形波状曲线花纹，以叶片、花卉互相连接，沿曲线的藤蔓生生不息，各种果实、枝叶、花卉或鸟兽等穿插其中，呈现收缩自如、自由变换的纹饰。曲线充满动感和生命力，可以引导人的视线愉悦地沿着线条移动，可以在静止的画面中呈现一种动感，藤蔓绵延不息，象征生命的延续与长久。

图 3-29　生命树刺绣

三、生命树纹样的现代应用

生命树纹样在现代多用于地毯与挂布设计中，毯面以生命树为主体，周边点缀花草（图 3-30）。该纹样在世界上的认可度非常高，因为它的寓意十分丰富和美好，如旺盛的生命力、无尽的希望等。

此外，生命树纹样也常作为现代服装设计的灵感来源，如图 3-31 为 Ulla Johnson 2021 春夏系列的服装，以生命树作为服装纹样，象征生命的延续。Rahul Mishra 2022 秋冬系列服装中（图 3-32），印度设计师拉胡尔·米什拉（Rahul Mishra）从古树中汲取灵感，试图捕捉落日在树叶上的金色光芒，展现生命树的神秘与美丽。迪奥 2022 秋冬系列服装以生命树为设计灵感，结合印花、拼接、珠绣等工艺来诠释艺术，探索不同文化的魅力（图 3-33）。

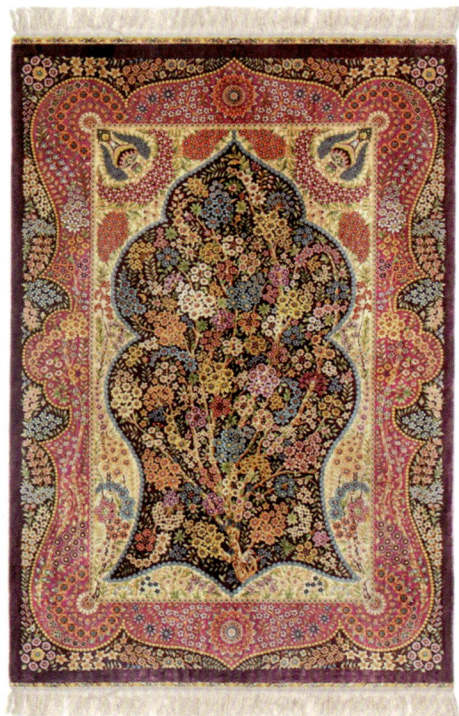

图 3-30　生命树纹样的印度地毯

图 3-31　Ulla Johnson 2021 春夏系列服装

图 3-32　Rahul Mishra 秋冬系列服装

图 3-33　迪奥 2022 秋冬系列服装

第四节　动物纹样

印度人崇拜动物，喜欢将动物与神话故事相结合并赋予其性格，因此动物纹样也应用广泛，是印度传统装饰纹样中最重要的部分之一。印度的动物纹样一种是依据现实存在的动物描绘的纹样，比如以孔雀、鹦鹉、大象、猴子、牛等形象为主题的装饰纹样，另一种是依据想象的动物描绘的纹样，比如多头蛇那伽、独角兽纹样等。

一、孔雀纹样

孔雀机敏优雅、高贵清丽、华美多彩，深受印度民众的喜爱，印度人常把孔雀与神话联系在一起。在印度文化里孔雀有极高的地位，被认为是奇异又圣洁的鸟类，因此在印度文化中孔雀纹样非常常见（图3-34），在印度寺庙建筑、纺织品中都有广泛的应用。图3-35是寺庙石柱上的孔雀雕塑，图3-36是乌代普尔城市宫殿中的孔雀装饰。在纺织品上，孔雀纹样较多用于女性服装，在起到

图 3-34　孔雀开屏纹样

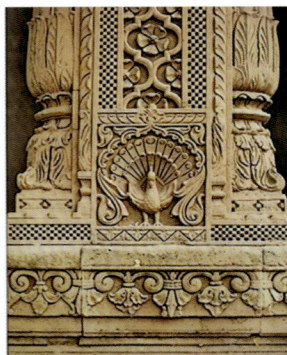

图 3-35　寺庙石柱上的孔雀雕塑

装饰作用的同时也是保护穿戴者免遭厄运的护身符（图3-37）。

蓝孔雀是印度的代表动物之一，印度在1963年1月宣布蓝孔雀为国鸟，并列为国家重点保护动物，当地人认为蓝孔雀是吉祥、幸福、健康、长寿的象征，所以民众对蓝孔雀非常爱护。图3-38是以蓝孔雀为主题的细密画。

图 3-36　乌代普尔城市宫殿中的孔雀装饰

图 3-37　印度女性裙子上的孔雀纹样

图 3-38　以蓝孔雀为主题的细密画

在现代设计中，孔雀纹样仍不过时。图3-39是迪奥2023年早秋系列服装。这一系列的服装运用了闪耀、饱和度高的色彩，大胆的印花和复杂的刺绣，选用以大象、孔雀和猴子等动物为主题的印花，融

合了繁复的地毯花型，将丰富而错综复杂的背景故事融入该系列服装。

二、鹦鹉纹样

在印度，鹦鹉也是神圣的动物之一。鹦鹉种类繁多，在印度较多的是亚历山大鹦鹉、环颈鹦鹉等，鹦鹉聪明、美丽、声音动听，又能学人说话，非常受人喜爱。鹦鹉在印度神话故事或寓言中都是以聪明智慧、忠实、可爱的形象出现。

很多鹦鹉都遵循典型的单偶制，一旦结成伴侣则基本终生不分离，所以鹦鹉也被称为爱情鸟，正是由于这一特点，许多印度教徒相信鹦鹉是爱神伽摩（Kamadeva）的坐骑（图3-40）。正是因为鹦鹉拥有美好的寓意和漂亮的形象，在印度，人们经常将鹦鹉画在结婚请柬上或者新娘的手上作为对新人的祝福，也常有以鹦鹉作为纹样的服饰，如图3-41、图3-42所示。

图 3-39　迪奥 2023 早秋系列服装

图 3-40 骑鹦鹉的印度爱神

图 3-41　鹦鹉纹样

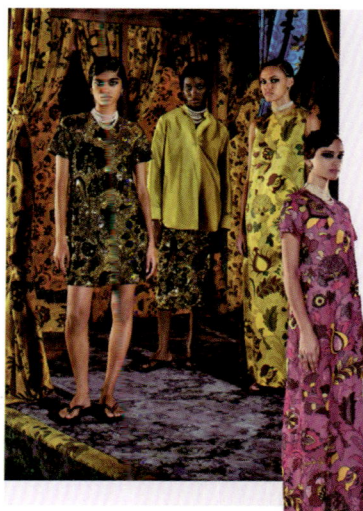

图 3-42　鹦鹉刺绣披肩

三、象纹样

印度也被称为"象之国"，古印度拥有大象的部队在战争中会有极强的实力。大象力大无穷，强壮而长寿，也被看作不朽的象征。在印度人看来，大象是力量、智慧和善良的代表。图3-43是印度的象纹样。人们根据大象的特征为其赋予了拟人化的性格，认为大象具备智慧、耐心、谨慎、隐忍的性格特征，不屈服于困难，有较强的意志力，并且认为这些是统治者应具备的品质。印度神话中最出名的野兽是一只叫埃拉瓦塔（Airavata）的白色大象，印度教徒相信，它是所有大象的祖先，它将地球背在背上，象征着雨和生育。在印度寓言中，大象是雷神的坐骑。在印度教中还有象头神（图3-44），它是印度教最受崇敬的神之一，是智慧和财富的化身。

图 3-43　印度的象纹样

使象者的权杖

单边折断的象牙

绳子

莫连克（包了椰子馅的甜饺子）

施无畏印

老鼠

施无畏印是一种右手上举、掌心向外的佛教姿势，代表着"不用担心"的深刻含义

图 3-44　印度象头神

　　印度人也将大象的形象装点在服装、首饰、建筑上，大象是富裕、好运与繁荣的象征，拥有多只高大、强壮、聪明的大象是一种社会地位的象征。人们认为开始吉祥如意的生活前必须获得神的祝福，于是常常在婚礼贺卡、服饰品上使用象纹样。图 3-45 是以象为原型的印度风格的首饰。图 3-46 是印度女性参加仪式时所穿纱丽上的象纹样，画面中一位少女坐在白象背上，通过绯织工艺达到马赛克画一样的效果。

图 3-45　以大象为原型的印度风格的首饰

图 3-46　纱丽上的象纹样

第四章　波斯传统纺织品纹样

波斯指位于西南亚的伊朗王国。波斯文化在萨珊王朝时期发展至巅峰状态，其织物纹样也得到了系统的发展，其中最具代表性的是该时期的联珠纹和狩猎纹。

第一节　联珠纹

一、联珠纹简介

联珠纹是萨珊王朝时期的典型纹样，亦称连珠纹、连珠或者圈带纹，在钱币、织锦、壁画、金银器皿、浮雕等上均有广泛应用。联珠纹是由连缀的、大小基本相同的圆圈或圆珠组成的一种骨架纹样，呈条带状时排在主纹的边缘，呈圆圈或椭圆状时环绕主纹，有时也会呈菱格形环绕植物花卉。联珠圈内置的主纹多为动物纹、植物纹、神兽纹等。联珠纹这一纹样形式在萨珊王朝时期发展成熟，但其并非波斯人首创，在苏美尔、古巴比伦、米诺斯等文化中都能看到带有类似联珠纹结构的纹样。

图 4-1　金质项链垂饰（公元前 17~前 16 世纪）

古巴比伦时期的一件金质项链垂饰（图 4-1）具有联珠纹饰的结构特点。另外一件出土于埃博拉的黄金垂饰（图 4-2）是由多层联珠纹围绕中心圆，再饰以四出的水滴纹和四出的水波纹，大圆珠再由一圈小的联珠纹包围组成。多层次的联珠纹结构更加明显，强化了装饰效果。

联珠纹在波斯盛行与古波斯人的宇宙观和宗教信仰是密不可分的。古伊朗人认为人类的权威来源于天空，连续的圆珠代表月亮和太阳的光轮，联珠纹代表宇宙中的圆环。

图 4-2　黄金垂饰

二、联珠纹的艺术特点

萨珊王朝时期，根据联珠纹的不同特征可以将其分为圆圈状联珠纹、条带状联珠纹、变形联珠纹三种类型。圆圈状联珠纹是数量最多、应用较广泛的一种类型，由多个联珠排成联珠圈组成，象征太阳与光明。条带状联珠纹多用作分隔装饰，有单层排列和多层排列两种样式。变形联珠纹的重要特征为由联珠圈和其他几何图形反复排列而成。

联珠纹与其他多种装饰纹样相互组合或与神兽组合，使得联珠纹的应用更加灵活，也使其被广泛地应用到各种载体上，如金银器皿、钱币、织锦、壁画等。萨珊王朝时期的联珠纹环绕的主纹饰一般为兽首纹或单个动物纹，如森穆夫、翼马、狮子、犬、猪头、鸾鸟、山羊等。凡置于联珠圈内的动物或神兽一般都具有宗教或神话意义，并非简单的装饰，如图 4-3、图 4-4 所示。

图 4-3　联珠对兽团花锦纹

图 4-4　联珠翼马纹锦、联珠含绶鸟纹锦（5~6 世纪）

联珠纹中的狮子或翼马象征着太阳神密特拉（Mithras），骆驼、猪头、山羊是战神韦雷特拉格纳（Verethraghna）的象征，森穆夫被看成古伊朗神话中预言未来的鸟，雄鸡也被认为是阿胡拉·马兹达的使者斯劳沙（Sraosha）的圣禽。联珠纹环绕神兽便象征着神圣之光环绕着神祇，寓意神祇的守护和光明常在。图 4-5 为萨珊王朝时期的猪头纹织锦，外圈为联珠纹环绕，中间的猪头象征琐罗亚斯德教中的战神韦雷特拉格纳。

图 4-6 为绘有塞摩尔狼鹰的复合纬面丝绸斜纹布，其上的联珠纹排列在主题纹样的四周。《波斯古经》中记载塞摩尔狼鹰栖息在生长于天和地之间的树上，给百姓带来雨水和种子，属于波斯特有的神秘动物。

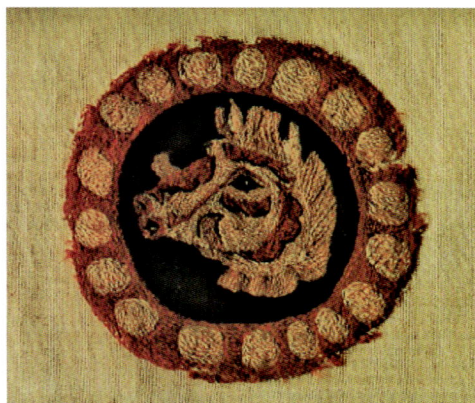

图 4-5　猪头纹织锦（6~7 世纪）

图 4-6　绘有塞摩尔狼鹰的复合纬面丝绸斜纹布

三、联珠纹的传播与发展

联珠纹的传播区域十分广阔。尽管联珠纹都有相同的团窠（即一种纹样骨架形式，由花卉、鸟兽、器物、人物等元素组合而成，形成轮廓为圆形或近似圆形的形状），但在主题纹样、宾花和联珠外窠上却反映了不同地区纺织传统、审美习惯和信仰的不同。东亚联珠纹的窠内主题纹样包括龙、兽面、莲花、菩萨像、汉字等，该地生产的大量联珠纹锦又出口到了中亚地区，这一纹样是丝绸之路文化交流的重要载体。

联珠纹作为一种骨架纹样，承载着传播波斯艺术与宗教的重要意义，跨越时间、空间，传播到不同的国家和地区。各地将联珠纹进行改造，把圆珠作为一种纹样符号并广泛应用，将联珠结构与本民族的纹样结构形式融为一体。联珠纹是丝绸之路上洒落的珍珠，传到中国并和中国本土的装饰纹样相融合，实质上这是中西文化交流的一种写照。

在中国出现最早的联珠纹可追溯到新石器时代，如马家窑型和马厂型的典型纹彩陶罐上有形式简单的联珠纹。新疆维吾尔自治区的吐鲁番出土的此类丝绸文物数量最多，其次是位于甘肃敦煌的莫高窟、青海西部的热水和都兰。从1959年起，新疆文物考古研究所在阿斯塔那先后发掘了约300座古墓，出土了100多件6~9世纪的联珠纹丝绸。山西太原的徐显秀墓（约571年）的壁画绘有中国最早的联珠纹服饰形象。在墓室东壁的备车图中，立于牛车后的侍女身穿的长裙上可见白底红色的联珠纹（图4-7）。

图4-7　徐显秀墓室壁画中的侍女

吐蕃墓葬群中也有诸多联珠纹装饰，多为小珠圈与相对成双的祥瑞鸟兽构成的对马纹锦（图4-8），也有与太阳崇拜相关的联珠纹装饰。图4-9为红地云珠吉昌太阳神锦，全幅由3个圆圈连接而成，整个纹样由卷云联珠圈构成簇四骨架，外层卷云和内层联珠组合成圈，并在径向的骨架连接处用兽面辅首形纽。圈间用辅首和小花相连，圈外是卷云纹和"吉"字，中间联珠圈纹内纹样是一组六马拉车的群像，圈内是太阳神。太阳神头戴饰物，双手合十，交脚坐于莲花座上，身后靠背，头部带有一圈联珠状光圈，身穿尖领窄袖紧身上衣。乘着奔驰的六乘有翼马车，头顶有车盖，车盖两侧有带角侧面龙形纹。背后有圆形身光，身光两侧分别有一侧身跪膝侍者，侍者身后为展翼扬尾凤鸟。交脚两边还分别有一个正面而坐的侍者。

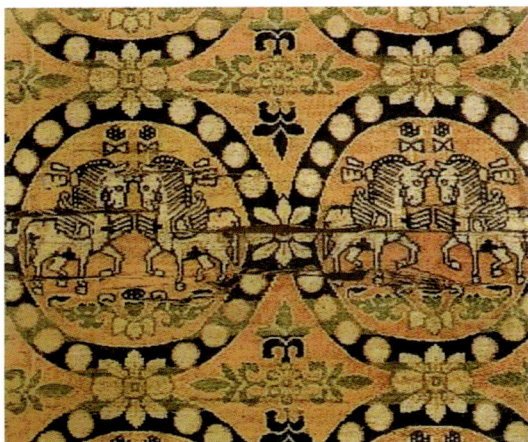

图4-8　对马纹锦

图4-9　红地云珠吉昌太阳神锦

四、联珠纹的现代应用

如今联珠纹在现代设计中仍被沿用。如新疆维吾尔自治区博物馆"至爱疆物"系列文创产品中的丝巾（图4-10），选用了唐代典型的联珠纹样——联珠对马纹、联珠团花纹为纹样内容设计。两款产品都是以联珠囡窠的形式进行设计搭配。联珠对马纹以动物为题材，选用唐代联珠纹中典型的天马纹样。丝巾以土黄色为底色，中部饰以蓝色联珠天马纹，再搭配齿轮状圆环花草组合纹样。另一款联珠团花纹选用植物题材中的团花作为主体纹样，丝巾以红色为底色，饰以黄色联珠纹，边缘填充黄绿色的团花纹样用以装饰。

在现代服装中联珠纹也有所体现，如2015年春夏巴黎时装周，在国际知名设计师劳伦斯·许设计的以敦煌为主题的系列服饰中能够看到联珠纹的元素，这是现代设计语言与传承创新传统纹样的完美融合（图 4-11）。此外，也有对传统联珠纹服饰的复原与改良，如图 4-12 所示。

图 4-10　新疆维吾尔自治区博物馆文创产品

图 4-11　以敦煌为主题的系列服饰

图 4-12　联珠纹服饰

第二节　狩猎纹

一、狩猎纹简介

狩猎纹是指以狩猎场景为主题的纹样。波斯人颇爱狩猎，在萨珊王朝时期，国力相对强盛，加之出现数位颇具进取心的君主，其艺术风格倾向于华丽恢宏，君主为宣扬赫赫战功，广泛使用狩猎题材的纹样，表现当时王宫贵族欢乐而充满勇气的狩猎生活。巴赫拉姆五世是最广为人知的萨珊王朝皇帝，是黄金时代帝王的象征人物，也是许多神话中的英雄。流行于 13~17 世纪的细密画常以巴赫拉姆五世狩猎场景作为绘画主题（图 4-13）。狩猎纹贯穿整个萨珊王朝艺术的传承与发展。此纹样还用于雕塑和地毯等纺织品中（图 4-14~ 图 4-17）。图 4-14 所示的是 5 世纪的银碟，其图案描绘的是巴赫拉姆五世与他徒手打败的雄狮；图 4-15 所示的是 19 世纪伊朗卡扎尔王朝末期的地毯，地毯上是萨珊王巴赫拉姆五世行猎图。

图 4-13　描绘巴赫拉姆五世狩猎场景的细密画

图 4-14　银碟

图 4-15　伊朗卡扎尔王朝末期地毯

图 4-16　1960 年伊斯法罕波斯地毯　　　　图 4-17　2002 年伊朗库姆波斯地毯

二、狩猎纹的传播与发展

1. 在西方的传播与发展

　　萨珊王朝时期丝织技术比较成熟，带有强烈萨珊艺术风格的丝织品对周边地区的文化艺术产生了重要影响。即使后来萨珊王朝消亡，拜占庭、叙利亚等地的纺织工艺品仍然受到萨珊艺术的深刻影响。如图 4-18 为织造于拜占庭或叙利亚的复合纬面丝绸，它以波斯萨珊王朝时期的狩猎纹样为基础，描述了巴赫拉姆五世用一支箭猎杀了一头狮子和一头野驴的传奇故事。

图 4-18　描绘巴赫拉姆五世狩猎场景的复合纬面丝绸

2. 在东方的传播与发展

　　中国也有类似的狩猎纹。《周礼》中记载君王四季田猎，分别称作春蒐、夏苗、秋狝、冬狩，作为礼制的田猎被后来的统治者沿袭了下来。他们在每年固定的时间举行大规模狩猎活动，其不仅仅是为了猎获动物和成全祖传礼制，更在于狩猎有练兵习武、军事检阅和展现军事实力、威慑四方的重要意义。战国青铜器、汉代壁画和画像石中常出现狩猎纹（图4-19），但当时的狩猎纹往往构图简单，纹样比较符号化，如同剪影，并没有过多个性和细节方面的表达。

图4-19　东汉模印狩猎纹画像砖

随着丝绸之路的开通，萨珊艺术也在东方传播和发展起来，对东方艺术产生了深刻影响。中国纺织艺术受到萨珊艺术的启发，创新了纺织物构图模式，进一步丰富了自身艺术。在中国纺织品狩猎纹锦中，可以清晰地看到中亚与西亚织锦极其相似的构图模式，但是因为中国纺织艺术具有坚实的本土文化根基，所以中国纺织艺术仍然具有自身鲜明的民族风格。中国狩猎纹相比于西方古代的狩猎纹更加强调场面的渲染而非人物的烘托，如中国甘肃省敦煌市莫高窟中，一菩萨的裙上饰有展现骑士与猎豹相斗的联珠翼马纹和联珠狩猎纹（图4-20）。

此外，其他亚洲国家如日本也有狩猎纹的使用，如奈良法隆寺所藏四大天王狩狮纹锦（图4-21）。四大天王狩狮纹锦在日本被称为四骑狮子狩纹锦，是法隆寺收藏的国宝级文物。此锦为唐代四川地区织造的顶级蜀锦。据传四大天王狩狮纹锦由第七次遣唐使河内鲸在天智八年至天智十年从中国带回，为唐朝政府赠给日本的国礼。锦上的纹样是萨珊波斯风格的国王狩猎图，底色原为红色，因褪色，现呈浅茶色。2003年，吉冈工房受日本NHK电视台和法隆寺的委托对此锦进行复原。日本人还利用四大天王狩狮纹锦开发了很多文创产品，例如钱包、书本封皮（图4-22）等。

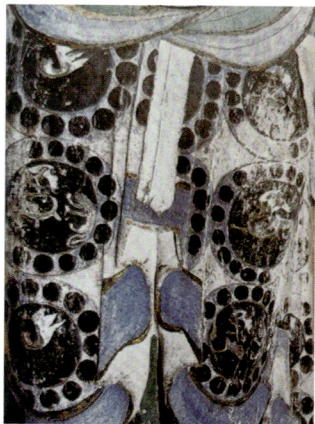

图4-20　联珠翼马纹和
　　　　联珠狩猎纹

图4-21　四大天王狩狮纹锦

图4-22　四大天王狩狮纹锦相关文创产品

第五章　中亚传统纺织品纹样

中亚是连接欧洲和亚洲的重要枢纽，也是商品贸易和文化交流的重要桥梁。其中东西方的纺织品贸易往往伴随着技术的交流和专业知识的传播，有利于促进当地传统纺织业的发展，这也是纺织业成为中亚地区主要产业的原因之一。在中亚，传统服饰与纺织品的价值超过了其他物质文化的价值，是国家稳定与民族的标志，同时也象征着国家历史、社会关系、种族规范等。

第一节　伊卡特上的纹样

一、伊卡特简介

伊卡特（Ikat）来自马来语，意思是捆扎，指的是一种先扎染纱线再整经对花的织造工艺，也指用此技法生产出的织物。该织造工艺为在将经纱、纬纱安装于织布机之前，由织工先通过特殊的技法将一束束的线染上各种颜色，然后将线装到机器上进入"织"的程序，这种染织工艺形式也称絣织。事先染上颜色的经纬纱线在交织成布的同时，图纹亦逐次浮现，形成的织物节奏感强，拥有生动醒目且抽象的纹样及宝石般活泼的色彩（图 5-1）。

图 5-1　伊卡特

根据被扎染的经纬纱不同，伊卡特可以分为经伊卡特、纬伊卡特以及双伊卡特。由于防染过程中染料的渗润，织物纹样还会形成边缘模糊的特殊效果，这种织物在中亚颇受欢迎。同时在其他国家和地区也较为流行，比如图 5-2 为中国新疆使用类似工艺制作的艾德莱斯绸，图 5-3 为马来半岛使用伊卡特制作的传统马来女士古笼服。

图 5-2　新疆艾德莱斯绸

图 5-3　使用伊卡特制作的传统马来女士古笼服

二、伊卡特的历史起源与发展

伊卡特最早出现在 5 世纪，印度的阿旃陀洞窟壁画上发现了穿着伊卡特服装的人物，8~9 世纪，也门曾生产出伊卡特，后交易至埃及。图 5-4~ 图 5-7 分别为现存的来自也门、埃及、巴厘岛和印度尼西亚的伊卡特藏品。

17 世纪，叙利亚和土耳其生产出伊卡特并在意大利流通，尤其在法国、西班牙等欧洲国家的传播更是十分广泛。图 5-8 是 18 世纪使用伊卡特织物制作的法国礼服。

19 世纪是伊卡特繁荣发展的黄金时期，中亚地区的作坊使用棉花、羊毛、蚕丝等原料生产出了各种各样图案丰富的面料，染在经纱上的纹样也从简单的双色条纹发展到用七种颜色染制的复杂纹样。图 5-9 为 19 世纪 80 年代产自中亚的四块伊卡特组成的拼布。

图 5-4　也门现存的伊卡特
（10 世纪）

图 5-5　埃及伊卡特织物（11 世纪）

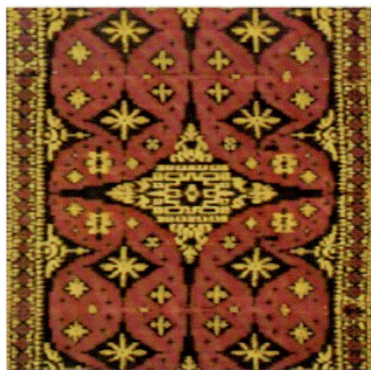

图 5-6　巴厘岛纬伊卡特纱笼
（16 世纪左右）

图 5-7　印度尼西亚伊卡特织物
（19 世纪晚期或 20 世纪早期）

图 5-8　18 世纪使用伊卡特
制作的法国礼服

图 5-9　19 世纪 80 年代用
伊卡特组成的拼布

在中亚，纺织品伴随着文化与技术的交流逐渐拥有一定的地位。对于一个富有的中亚人来说，同时套穿五六件伊卡特服装来显示其社会地位，是一件司空见惯的事，天鹅绒伊卡特则更胜一筹。图 5-10 所示的是 20 世纪早期产自土耳其斯坦用丝绒伊卡特制作的男性外套。除此之外，伊卡特还被用作婚礼嫁妆、包裹新生婴儿的布料，甚至被用来作为墙饰以点缀私人住宅。

至今，在丝绸之路沿线仍有许多地区的技术工人使用传统方法进行织造生产，其中以印度尼西亚和中亚地区的乌兹别克斯坦织造的伊卡特最负盛名。

图 5-10　丝绒伊卡特男性外套

三、伊卡特上的纹样的艺术特点

1. 独特的晕染效果

　　由于扎染过程中经线会因为绑得松紧不同，在染液中浸透不均而产生自然的色彩晕染，这样织造出的伊卡特其表面纹样犹如用干笔搓刷过一般，形成别具一格且层次感强烈的效果（图 5-11）。正是这种晕染效果，使得伊卡特上的纹样在时代的更迭中经久不衰，成为一和经典的纹样风格。

图 5-11　中亚伊卡特上的纹样
的晕染效果

　　伊卡特上的纹样只有在经纱与纬纱交织后才会显现出来，因此每一件伊卡特对于制作者来说都是一种惊喜。而且由于整个过程完全是手工的，扎染经纱时可能会因松紧不同，扎绑部位或多或少地会有染液渗透出来，即使同样纹样的两件伊卡特也会出现细微的偏差。所以可以说每一件伊卡特都是独一无二的。

2. 色彩饱和度高

　　伊卡特上的纹样强调高饱和度的色彩，因此在制造过程中尤其注重纱线的染色技法。每束纱线可能使用黄色、红色和蓝色三种基色染料，浸染三次并晾干，每次染色前必须束紧部分纱线，以避免吸收不该吸收的颜色。因此放入黄色和红色染料前，要染成蓝色的部分必须被束起；要染成绿色的部分必须先吸收黄色染料，然后在放入红色染料前将其打结，再在放入蓝色染料前把结解开，以便黄色和蓝色染料结合形成绿色。

　　传统伊卡特中的丰富色彩大多都是从自然界中的天然染料中获得的。到 19 世纪晚期，合成染料被引进中亚，渐渐代替了传统的天然染料。纹样色彩除饱和度、用色丰富外，其色彩对比也较为强烈，整体洋溢着民族风情和浪漫气息（图 5-12、图 5-13）。

图 5-12　色彩丰富的伊卡特

图 5-13　中亚伊卡特服饰

3. 纹样构图

　　伊卡特上的纹样大多相对大型，这是因为在同一尺寸织物上，较少大纹样的织造比众多小纹样的织造更为简单，免去了精工细造花费的工夫，能够节省织造时间。

　　伊卡特上的纹样最大的特点是无限延伸，即纹样的边缘没有明显的边界。伊卡特上的纹样看似与实物形象相差甚远，难以辨认，但实际上这些纹样是对实物形象进行提炼、概括等抽象化处理后形成的装饰感较强的纹样。图 5-14 为使用伊卡特制作的纱笼，其上的纹样抽象、装饰感强。

　　伊卡特上的纹样由于受到门幅的限制，多采用四方连续和二方连续，比较规范工整。而用来制作长袍的伊卡特上的纹样在构图上则会更加精巧，给人以不同风格的视觉效果。

图 5-14　使用伊卡特制作的纱笼纹样

四、伊卡特上的纹样的丰富题材

　　伊卡特上的纹样多源自生活及自然，按照它们的属性和造型特点，大致可分为植物纹样、动物纹样、几何纹样及其他纹样四大类。这些纹样有时作为单独纹样进行规律性的连续排列，有时混合使用，有时以几种元素组成固定构图，有时将一种纹样填充在另一种纹样内部或配置在侧面，形成变化丰富的画面。

1. 植物纹样

　　植物纹样在世界各种装饰艺术作品中出现的频率非常高，而伊卡特上的植物纹样造型更加概括简练，主要有花卉形、佩兹利形、梨形、石榴形、树形等。伊卡特上的花卉纹样一般为一根独立的根茎，从两旁延伸出对称的枝叶，中间为花蕊的形态，整体较为简约，如图 5-15 所示。其构图多是在几何纹样中间或四周配置花卉纹样，左右再配以其他纹样（图 5-16）。伊卡特上常出现的花卉纹样有高度抽象化的石榴花纹、郁金香花纹、波斯梨花纹、生命树纹等，大多象征着多子、家族兴旺，这些纹样作为一种装饰符号，承载着中亚人民对繁衍与兴旺的美好愿望。

图 5-15　伊卡特上的花卉纹样

图 5-16　伊卡特上花卉与几何图案
结合的纹样

伊卡特上的佩兹利纹保持着头圆尾尖、微微卷起的基本形态，稳定而小巧的轮廓里被装饰上各种纹样，或被填充进植物纹样和其他纹样，其特有的曲线强烈地体现着人们对形式美法则的遵从。同时又融合了伊卡特上纹样抽象简约的特点，更具特色（图 5-17）。

树形纹样在伊卡特上也以更为简练、概括的造型出现。图 5-18 中的生命树纹样以抽象化的线条表现树冠的外轮廓，纹样左右对称，内部再用曲线表现作为纹样骨架的树干，中间搭配火焰纹，传达出旺盛的生命力。此外，伊卡特上还曾出现过经过抽象化处理的、变形的卷草纹、忍冬纹等。

图 5-17　伊卡特上的佩兹利纹样

图 5-18　伊卡特上的生命树纹样

2. 动物纹样

中亚伊卡特织物中常出现公羊角、蜘蛛、蝎子这些带有特殊寓意的动物纹样，这些纹样曾在中亚的早期艺术作品中出现过，中亚人民又将这些动物凭自我感受和智慧在伊卡特上转化成更加抽象的、更加原始和自然的纹样。动物的犄角内空外实且不易腐烂的特性及优美的曲线造型使人们对角充满幻想，角被想象成生殖繁衍的子宫，寄托了人们对生育后代的美好愿望。例如，公羊角纹代表着多产，常与几何纹和植物纹相结合，在造型上具有典雅美观的特征，也极具深意。如图 5-19 所示的公羊角纹样，这种抽象的处理既符合艺术审美，也在一定程度上留给观者自由想象的空间。此外还有象征力量和长寿的鸟纹，用来帮助人们抵御邪恶的蜘蛛纹、蝎子纹等。图 5-20 所示的被填充进树形纹样的蜘蛛纹，作为单独纹样运用，左右搭配梳子纹样，造型生动有趣。图 5-21 中的蝎子纹与左侧的树形纹构成了单位纹样并在横向上呈散点式二方连续。

图 5-19　伊卡特上的公羊角纹样

图 5-20　伊卡特上的蜘蛛纹样

图 5-21　伊卡特上的蝎子纹样

3. 几何纹样

　　几何纹样也是伊卡特织物上常见的纹样。该纹样常以同心圆、椭圆、菱形等形态出现，这类纹样朴拙、粗犷、简洁，反映了人们最直接的审美意识。伊卡特上的几何纹样通常隐藏在与其他纹样的组合中，并不明显，最典型的装饰布局是作为边框装饰，中间配置花卉纹样。由于是手工染织，因此伊卡特织物上的几何纹样区别于一般印花，防染工艺使得印花的边缘具有模糊效果，更能突显纹样的手工质感。几何纹样通常不会单独使用，一般以连续的组合方式与其他纹样连接起来。菱形纹样因为造型简单，更易被设计成不同造型，是几何纹样中常见的纹样。图 5-22 所示的伊卡特长袍上的菱形纹样，横向没有明显的棱

图 5-22　伊卡特长袍上的
菱形纹样

角，中间被填充成椭圆形状。菱形纹样也是伊卡特纹样在现代设计中被人们熟悉的代表性纹样，具有沿垂直方向无限延伸、色调统一、色彩均衡的视觉特点，且带有十分明显的感情色彩。此外，伊卡特织物中还出现过带有宗教色彩的诸如三角护身符、同心眼这类几何纹样，以及建筑形纹样等。长条形或折线形这类简单的几何纹样常常架构起整幅纹样的框架。几何纹样由于结构简单，易与其他纹样搭配，单独使用也毫不突兀，在伊卡特织物中出现得十分频繁。

4. 其他纹样

　　观察伊卡特上的纹样可以发现很多生活中的踪迹，一些传统日用品或常见事物经过艺术处理变成了这些样式丰富、变化繁多的纹样。其中一些是根据器物原型做了适当简化，一般较为直观，形态变化与现实中区别不大，容易辨认；而另一些则为了画面效果，被重新塑造成夸张的艺术形态，辨认起来较为困难。此类纹样与动植物纹样的搭配在伊卡特织物中最为多见，虽各自寓意不尽相同，但都体现了中亚人民对美好生活的祈愿。梳子纹样是伊卡特常用的纹样，如图 5-23 所示，梳子纹样与乐器纹样紧密相连组合成单位纹样，从上到下连续地排列，二者对比鲜明、疏密有致、繁简相融。流苏纹样通常被设计在各种耳饰和头饰的尾端，与梳子纹样一样有流畅的线条。图 5-24 中的流苏纹样垂挂在三角形饰物的下边缘，流苏特有的穗状纹样仿佛带有一种飘逸的流动感，用于表现饰物因行走而产生的晃动，类似中国古代妇女

所佩戴的步摇。此外，伊卡特织物上还有洗手壶等清洁用具的纹样。

图 5-23 伊卡特上的梳子纹样　　图 5-24 伊卡特上的流苏纹样

五、伊卡特上的纹样的现代应用

　　直至现在，伊卡特上的纹样仍然保持独特的魅力，在中亚甚至全世界的服饰及纺织品中广泛应用。GULI、Lali 均是来自乌兹别克斯坦的小众品牌，其印花风格多参照传统伊卡特上的纹样，如图 5-25、图 5-26 所示。此外，现代中亚人民的日常生活中也多见该类风格的服饰，如图 5-27 所示。

图 5-25 GULI 品牌服装

图 5-26 Lali 品牌服饰　　　　　　图 5-27 市场中的伊卡特服饰

在当代，伊卡特不仅代表一种面料和制作方法，也代表一种审美风格。许多现代平面设计师正源源不断地从丰富的文化资源中获得灵感，并进行创意诠释（图5-28）。

图 5-28　伊卡特风格平面设计

第二节　粟特织锦上的纹样

一、粟特织锦简介

粟特织锦是古代中亚地区名为粟特（sugda）的民族创造的织物（图5-29），尤以安国（布哈拉）附近一个小村落——撒答剌欺（Zandani）出产的丝绸最为著名，故也称撒答剌欺织锦（Zandaniji Silk）。

粟特织锦通过丝绸之路的纽带在东西方各文化间产生文明互动，除了中国出土的丝织品中有粟特织锦外，世界各地也都发现了多件粟特织锦。该种织锦在自身文化的基础上融合波斯萨珊、拜占庭及唐王朝的纺织文化形成了独特的纹样，蕴藏着深层的宗教文化意义（图5-30、图5-31）。

图 5-29　粟特织锦1

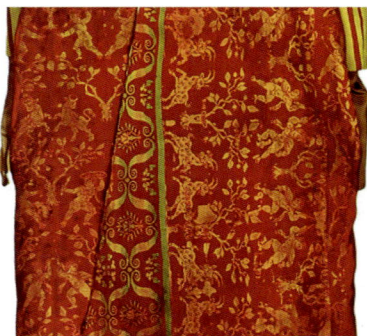

图 5-30　粟特织锦2

图 5-31　阿弗拉西阿卜宫壁画上穿着丝织锦袍的粟特贵族

二、粟特织锦上的纹样的艺术特点

粟特织锦上的纹样一类是波斯萨珊风格，多运用联珠纹和狩猎纹，有一定的网络骨架。新疆吐鲁番阿斯塔那古墓群出土了大量粟特织锦，基本上都以联珠为团窠，中间再填以主题纹样，主要为人物纹、动物纹、花草纹。当时比较著名的题材有猪头纹、大鹿纹、含绶鸟纹、对羊纹等（图5-32~图5-35）。这些织锦的织造风格粗犷，经线加有Z向强捻，只有纬向的纹样重复。

图5-32 猪头纹锦

图5-33 联珠大鹿纹锦

图5-34 联珠立鸟纹锦

图5-35 连珠对羊纹

粟特织锦上的纹样中还有一类为隋唐汉化风格。粟特织锦的黄金时期，也是中国与域外的丝绸贸易往采最为频繁的时期，具有异域特色工艺和纹样风格的西亚波斯锦、中亚粟特锦流入中原，被中国织工模仿，对中国织锦产生了极大影响。约在7世纪中叶，丝绸之路上出现了大量斜纹纬锦，既有中原地区织造的，也有中亚、西亚地区织造的。

此外，受到西方文化和伊斯兰艺术的影响，粟特织锦上也有拜占庭和伊斯兰风格的纹样。新月纹是伊斯兰艺术中最为常见的艺术题材。新疆巴楚县出土的一件新月纹和兔子纹的唐代织锦，带有强烈的伊斯兰艺术特色（图5-36）。丝绸之路上除了贸易上的往来外，还有深层次的思想和技术的传番，可以将其看作族群和族群之间的文化交流。在中国境内发现的粟特织锦，有些可能是在原产地生产，然后被运往东方作为高档礼品；有些可能是中国织工模仿中亚的产品，或作为新的时尚而织造的仿品。

图5-36 联珠立鸟纹锦

第六章　中世纪欧洲纺织品纹样

第一节　拜占庭纺织品纹样

一、拜占庭纺织品纹样概述

拜占庭帝国又称东罗马帝国，在 330~1453 年长达 11 个世纪的时间里，建立起包括巴尔干半岛、小亚细亚、叙利亚、巴勒斯坦、埃及、美索不达米亚、外高加索以及北非以西、意大利和西班牙部分地区的强大帝国。拜占庭有着发达的丝绸织造业，6 世纪时，在希腊南部建立了国家控制的养蚕及丝绸生产工业，民间还有属于行会组织的公立丝绸工厂和私营作坊，10~12 世纪，丝绸织造技艺达到巅峰，成为当时全球纺织业的主要产地。

拜占庭艺术的本质是基督教艺术，其纺织品纹样展现出鲜明而独特的风格，完美融合了宗教与宫廷文化的精髓，不仅融入了宗教元素，如神圣的十字架、庄严的圣像以及令人敬仰的圣人形象，还巧妙地结合了历史元素，如古老的传说和重大历史事件的场景描绘，我们从中可以看到圣母、圣子以及信徒的形象（图 6-1、图 6-2）。同时，由臆想的动物形象组合而成的神兽也在纹样中占有一席之地，共同构建出一个充满魅力与神秘色彩的艺术世界。

拜占庭纺织品多用于装饰教堂隔断、天盖帐幔，以及皇帝、祭司的服装，或用于蒙盖遗体、灵柩和神圣遗物（图 6-3、图 6-4）。其纹样承载着深厚的宗教信仰和文化传统，是拜占庭帝国人民精神世界的生动

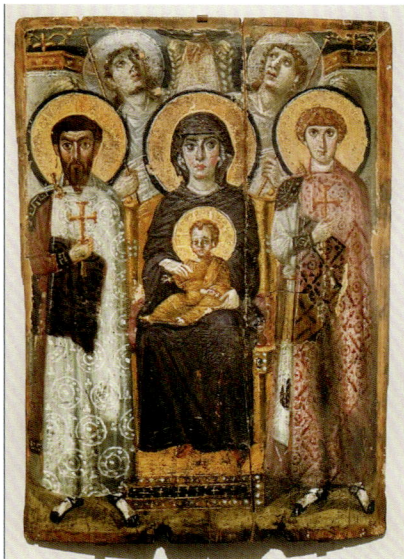

图 6-1　埃及挂毯残件

图 6-2　拜占庭圣像

写照。其色彩鲜艳夺目，工艺精湛绝伦，细节处理精妙入微，充分展现出东方文化的独特魅力。

图 6-3 圣母与圣子壁挂（拜占庭）

图 6-4 《圣经》题材刺绣无袖长袍（拜占庭）

二、拜占庭纺织品纹样的特点

1. 轴对称式构图

拜占庭纺织品纹样沿袭了波斯萨珊王朝纺织品纹样的构图样式，多采用联珠圈的样式，只是联珠圈的样式已经变成了编带纹、几何纹、桃心纹或动物纹。联珠圈的空隙间装饰菱形花草纹，有的联珠圈左右相对，中间填饰对称的动物和人物纹样；有的在圈内用生命树做中心轴，左右有对称的狮子狩猎纹、双狮纹、半狮半鹫纹、骑马勇士纹等（图 6-5、图 6-6）。

如图 6-7 的大力士参孙锦，展示了大力士参孙手撕狮子的故事。大力士参孙是《圣经》中的传奇人物，以超绝的武力和勇气闻名。纹样中大力士一脚踏在狮子身体上，双手握住狮头，呈左右对称样式。

图 6-5 对鹿纹锦

图 6-6 格里芬纹锦

图 6-7 大力士参孙锦

2. 宗教故事主题

拜占庭纺织品纹样深刻反映了拜占庭帝国深厚的宗教信仰和源远流长的文化传统。在这些纹样中，宗教场景、圣像、圣人等元素频繁出现，成为其核心构成部分（图 6-8）。例如，耶稣基督的受难与复活、圣母玛利亚的慈爱形象、《圣经》故事中的经典场景等，都以细腻且庄重的方式呈现出来。这些纹样不仅仅是对基督教教义的简单描绘，更是对宗教精神内涵的深刻诠释和象征。在一些重要的宗教仪式上使用的纺织品，其纹样往往更加庄重、神圣，以突出宗教活动的严肃性和重要性。

图 6-8　提花丝织物（凯旋御者）

3. 神圣的异兽纹样

　　具有不同动物形象的异兽纹样也是拜占庭纺织品纹样的一大特点，最具代表性的就是半狮半鹫神兽。其形象是鹫头、双翼、狮身，古代波斯将其作为守门神，象征着皇权。狮身加上鹫头和双翼，显示守护神的权威，是想象臆造的形象。拜占庭人敬畏和崇拜这种纹样，类似的还有人首狮身的斯芬克斯。

　　除异兽纹之外，还有狮、象、虎、豹、鹫、孔雀、鹿、怪蛇、双翼马等动物形象，鸟类纹样象征着圣徒和殉道者，鹿纹样可能与洗礼、圣餐有关。其中鹫作为拜占庭帝国皇帝的象征，代表吉祥、勇猛，非常受尊崇，成为拜占庭帝国国徽和皇帝专用纹样。鹫纹样在丝织物纹样中大量应用，其形象有单头鹫、双头鹫、伸展双翼鹫、抓住鹿的鹫等。如现珍藏于法国圣·德赛夫教会的鹫衔宝环丝绸（图 6-9），是拜占庭的皇室布料，用金线和紫线织造，神鹫口衔宝环，伸展双翼，站立于联珠纹上，中间穿插有棕榈树纹样。

　　猎狮纹是 8 世纪的丝绸纹样，以椭圆为单位，形成平排四方连续（图 6-10）。椭圆内是带有宗教意味的人物形象，骑在马上回首挽弓射向身后的动物，狮子似乎猛烈地扑向猎物，咬住猎物的背部，猎物回首挣扎，此纹样生动逼真，极为精彩。

图 6-9　鹫衔宝环丝绸

图 6-10　猎狮纹

4. 几何纹样

　　拜占庭帝国的马赛克镶嵌艺术曾经十分辉煌，制作者将玻璃、贝壳切割成小块，并拼凑出具有一定形状的纹样，常用在教堂建筑的墙面、地面，以及建筑外立面等地方。这种用马赛克手法表现的几何纹样又被称为"拜占庭风格小几何纹样"，也应用在纺织品中。图 6-11、图 6-12 所示为拜占庭风格的马赛克镶嵌艺术。

拜占庭几何纹样常常以几何图形和植物纹样为主要构成元素，实现了两者之间的精妙融合，创造出极具视觉冲击力和艺术感染力的效果。几何纹样中，常见的有菱形、方形、圆形等基础图形，经过精心的排列组合，形成复杂而富有规律的纹样结构，展现出严谨的秩序感和对称美（图6-13）。每一种纹样都蕴含着特定的象征意义，例如圆形代表永恒与完整，花朵象征美好与繁荣，动物形象可能寓意着特定的品质或神灵的庇佑。在实际应用中，可以根据不同的场合和用途选择不同主题和风格的纹样，以达到特定的装饰和表达效果。

图6-11 11世纪达芙尼修道院的
"基督升天"镶嵌画局部

图6-12 圣维塔教堂的"迪奥多拉及侍从"镶嵌画

图6-13 拜占庭几何纹样

拜占庭纺织品纹样是艺术与宗教紧密融合的杰出典范。艺术家们凭借卓越的才华和精湛的技艺，将宗教的神圣元素与艺术的表现形式完美结合。纹样的每一条线条、每一抹色彩都经过精心设计，展现出对美的极致追求和对宗教的虔诚敬意。同时，纹样所展现的宗教主题和象征意义，深深扎根于拜占庭文化的土壤之中，体现了当时社会对宗教的高度尊崇和依赖。这种融合不仅丰富了拜占庭文化的内涵，也为后世的艺术创作和文化传承树立了典范，让人们得以领略到艺术与宗教相互交融所绽放出的绚丽光彩。

三、拜占庭纺织品纹样的应用

即便在当代，拜占庭纺织品纹样依然散发着迷人的魅力，备受设计师和艺术家推崇，不断为现代艺术和时尚领域注入新的活力与灵感。比如，现代的一些高级定制服装在设计中会借鉴拜占庭纺织品纹样的色彩搭配和纹样结构，使其作品更具文化底蕴和艺术价值。一些室内软装设计师也会将拜占庭风格的元素融入窗帘、抱枕等织物的设计中，营造出富有历史感和艺术氛围的空间。

在现代时装设计中，拜占庭纺织品纹样常被视为奢华与高贵的象征，为设计师提供了无尽的灵感。设计师艾莉·萨博（Elie Saab）也钟情于拜占庭图案。在2015年秋冬高级定制中，她以"Shades of Gold"为主题，通过精湛的金色刺绣和亮片、钉珠工艺，将拜占庭风格的奢华展现得淋漓尽致，营造了一场金碧辉煌的视觉盛宴（图6-14）。Elie Saab多次在其时装秀中运用拜占庭风

图6-14　Elie Saab 2015年秋冬高级定制

格的纹样，将复杂的几何纹样与金色线条巧妙融合，打造出一系列华丽无比的长裙和外套等礼服，洋溢着浓郁的宫廷气息。Elie Saab通过精湛的刺绣和珠饰工艺，搭配华丽的宝石，营造出如梦如幻的奢华氛围，其作品在时尚界备受赞誉，成为众多明星在重要场合的首选。

拜占庭纺织品纹样在服装配饰中也大放异彩，如丝巾、披肩、手套等。法国品牌爱马仕（Hermès）的丝巾上常常运用拜占庭风格的纹样，因其华丽的几何纹样和丰富的色彩，成为时尚经典（图6-15）。设计师亚历山大·麦昆（Alexander McQueen）也将拜占庭纺织品纹样融入配饰设计，如手袋、围巾等，以独特的设计和奢华的材质吸引了众多时尚爱好者的目光（图6-16）。

图6-15　爱马仕拜占庭风格丝巾

图 6-16　亚历山大·麦昆 2010 秋冬系列服装

拜占庭纺织品纹样在墙纸设计中也展现出独特魅力，为室内空间增添古典华丽气息。英国品牌科恩森（Cole & Son）推出的以拜占庭风格为灵感的墙纸系列，以华丽的几何纹样和丰富的色彩，深受消费者喜爱。此外，拜占庭纺织品纹样还被广泛应用于床上用品、窗帘等纺织品上，为居家环境营造出高贵典雅的氛围。范思哲（Versace）推出的拜占庭风格家居系列，包括床上用品和窗帘等，以其精湛的工艺和华丽的纹样，成为家居装饰的热门选择。

第二节　纹章图案

一、纹章图案概述

纹章图案是具有特定象征意义的装饰性纹样，常用于标识个人、家族、团体或国家的身份和地位，通常包含盾牌、动物、植物、几何纹样等元素及特定标志，体现独特的身份认同和文化传承。

纹章图案的起源尚无确切定论，如在古埃及、古希腊和古罗马以及中国传统文化中，都能找到类似纹章的象征符号。此处的纹章图案主要指欧洲中世纪时期发展起来的，象征贵族和王室身份、区分家族和权力的重要标志，广泛应用于贵族和王室的盾牌、印章、家族旗帜等物品上，不仅在战场上用于识别敌我，在社交和政治场合中也用于展示家族的荣耀和地位。在一些国家的国徽、城市徽章、学校校徽以及各种组织的标志中，都能看到纹章图案的影子。

西方有三大著名的徽章，分别是英国王室的狮子徽章、法兰西王朝的鸢尾花徽章以及拜占庭帝国的双头鹰徽章。这些徽章图案不仅具有深远的历史意义，而且对后世产生了重大影响。

1. 英国王室狮子徽章

英国王室狮子徽章（图 6-17）的起源可追溯至英王亨利二世的

图 6-17　英国王室狮子徽章

庶子威廉·朗贝尔。后来，理查德一世正式将其确定为英国王室徽章，此后历代王室一直沿用至今。狮子通常象征着勇气、力量与统治权，英国王室狮子徽章以其独特的设计和丰富的象征意义，展现了英国王室的尊贵与权威。英国王室狮子徽章在发展中受历史事件或者婚姻的影响，呈现出不同的变化（图6-18）。12世纪的徽章中主要有红色盾徽中平行排列的三只行走的狮子。14~16世纪英法百年战争期间，英格兰君主声称对法国王位拥有主权，于是徽章中加入了法国蓝底金鸢尾花图案，盾徽被分为四部分，英格兰三狮与法国鸢尾花交替排列。16世纪中期，英格兰和爱尔兰女王玛丽一世与西班牙的菲利普二世结婚，所以此时还可以看到西班牙哈布斯堡王朝时期的卡尔斯蒂亚王国（三重城堡）、莱昂王国（狮子）、格拉纳达王国（绿叶石榴花）、阿拉贡王国（红黄条纹）、那不勒斯、西西里（红黄条纹加双鹰）、奥地利（红白条）、勃艮第（红白格加中间法国鸢尾）等国家的徽章。17~18世纪，大不列颠及北爱尔兰联合王国统一后，徽章中又加入了爱尔兰竖琴和苏格兰红狮。1801年，英国放弃对法国王位的主权诉求，徽章中移除了法国鸢尾花。现代的英国王室徽章中间的盾徽由英格兰三狮、苏格兰红狮和爱尔兰竖琴组成，顶部饰有王冠，两侧由狮子（英格兰）和独角兽（苏格兰）支撑，下方绶带书有法语"我权天授"（Dieu et mon droit）。

12~14世纪	14世纪末	16世纪中期
14~16世纪	17~18世纪	现代

图6-18　英国三狮纹章的变化

2.法国鸢尾花徽章

　　鸢尾花徽章（图6-19）最早起源于法兰克王国第一位国王克洛维一世。传说克洛维一世在接受洗礼时，上帝送他的礼物是一朵金色的鸢尾花。此后，菲利普二世首先将鸢尾花定为王室徽章，在皇室各种建筑、服饰、器皿装饰甚至王冠中频频出现，并逐渐上升到了"国徽"的层面，象征着法国王室的权力、荣耀和高贵。同时，鸢尾花在基督教中被赋予神圣、纯洁的寓意，成为圣父、圣子、圣灵三位一体的象征。例如，17世纪太阳王路易十四的肖像画中的长袍上就绘有鸢尾花徽章，以突显其崇高的地位（图6-20）。

图6-19　法国王室鸢尾花徽章

图6-20　路易十四画像（亚森特·里戈绘）

3. 拜占庭双头鹰徽章

　　拜占庭帝国的弗里德里希一世最早将鸷形图案作为正式军旗上的图案使用。而双头鹰的形象独特（图6-21），它的两个头分别象征着帝国对东西两部分领土的统治，也代表着对过去罗马帝国辉煌的传承和对未来的期待。这一徽章图案在后来的塞尔维亚（图6-22）、阿尔巴尼亚、波兰等国流行。俄罗斯国徽（图6-23）上也有双头鹰图案，体现了该的历史传承和国家地位。

　　这些徽章图案在历史上扮演着重要角色，成为各个国家和王朝的象征。王宫贵族们常常将纹章织或绣在服装上，这类服装被称为"纹章服装"。

图6-21　拜占庭帝国双头鹰徽章

图6-22　塞尔维亚国徽

图6-23　俄罗斯国徽

二、纹章图案的特点

1. 权力象征与身份标志

　　纹章在历史长河中常作为权力的显著象征和身份的重要标志。尤其是在中世纪的欧洲，它代表着王室贵族以及其他拥有权势的人物。纹章涵盖了家族徽章、座右铭、标志性动物等丰富元素，这些元素的精妙组合清晰地展示了家族的独特身份和崇高地位。其设计往往精美绝伦且复杂多样，通过精湛的工艺和细腻的表现手法，将各种元素融合为一体。无论是线条的勾勒、色彩的运用还是图案的布局，都彰显着尊贵。例如，美第奇家族的族徽（图6-24）最早是几个红色的小球，一种说法是小球代表的是药丸，正如他们的名字 Medici 的词根是药的意思，代表他们是药剂师出身。另一种说法是小球代表的是钱币，或者更准确地说是拜占庭砝码，这是当时银行家和商人交易时使用的一种工具，代表美第奇家族是银行家出身。

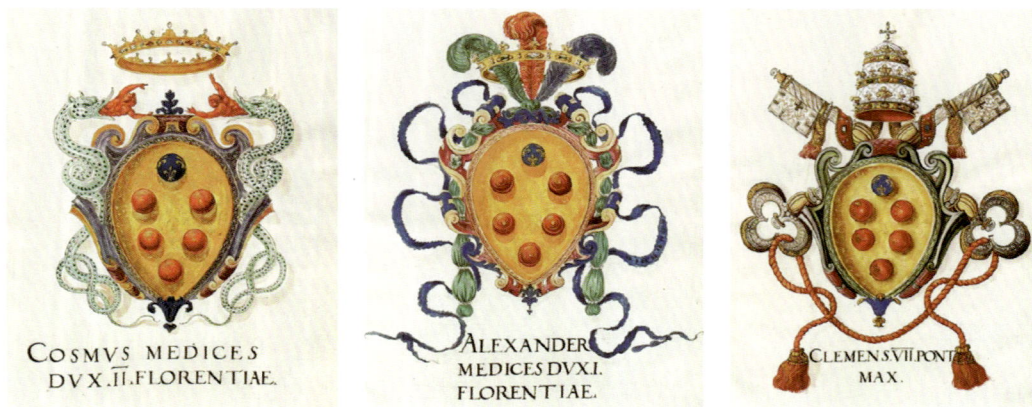

图 6-24　美第奇家族的族徽

2. 装饰性与艺术性

纹章图案的装饰性和艺术性令人赞叹。设计师们充分施展才华，运用复杂且充满巧思的图案以及登峰造极的手工技艺，精心打造出线条流畅、图案繁复且美轮美奂的纹章。其中包含了丰富多样的植物、动物、几何纹样等元素，形式变化万千，充满灵动之美，展现出奢华的艺术风格。

在这些图形中，盾牌作为纹章的核心部分，代表家族的防御能力。不同的形状和分割方式表示不同的意义。位于盾牌上方的头盔，象征战士的身份和荣誉，头盔的开口方向和装饰代表不同的贵族等级。纹章中的各种动物纹样也有不同的象征意义，如狮子象征勇气，鹰象征权力，鹿象征和平。盾徽表示家族的主要特征或信仰。盾牌上的条纹、十字和菱形纹样，表示不同的家族背景和历史事件。位于盾牌两侧的动物或人物，象征家族的支持者或盟友。围绕盾牌的斗篷模仿骑士披风，象征家族的威严和荣誉。在盾牌下方有时还会有家族的格言或座右铭，反映家族的信仰和价值观。

3. 历史传承与文化传统

纹章图案承载着厚重而丰富的历史和文化。在不同的历史时期和地区，纹章图案呈现出各具特色的风格和内涵。

在欧洲中世纪，纹章与骑士文化、封建制度以及宗教信仰紧密相连。骑士们的铠甲和盾牌上的纹章不仅是战斗中的标识，更代表着他们的荣誉和使命。封建领主们通过纹章展示其权威和统治地位，宗教元素的融入则赋予了纹章神圣的色彩。在古代东亚，纹章图案与皇权、王朝、神圣权威息息相关。例如在中国历史上，龙纹常常被视为皇帝的象征，象征着至高无上的权力。日本的家纹也反映了家族的历史和地位。

三、纹章图案的应用

纹章图案的设计和使用受到严格的限制，通常由专门的纹章学家和机构来设计和使用。这些纹章不仅在各种场合用于识别对方身份，也在各种官方文件、服饰和建筑上使用，成为贵族身份和家族历史的重要象征（图6-25~图6-27）。

纹章图案在时装设计中也扮演着重要角色，常常被巧妙地运用在礼服、外套、连衣裙等各类服装上，旨在突显穿着者独特的身份和高雅的品位。其细腻的线条、精湛的工艺以及丰富的象征意义，使服装散发出一种与众不同的气质（图6-28）。

图6-25 中世纪欧洲不同政权军队的盾形纹章图案

图6-26 中世纪战士身上的盾形纹章图案

图6-27 法国哥特式建筑上的鸢尾花纹章图案

图6-28 某品牌2024秋冬款式中的"三狮纹"

第三节　苏格兰格子图案

一、苏格兰格子图案的起源

苏格兰格子图案起源于苏格兰，其以独特的格子纹理和丰富多样的颜色组合而闻名。英语里称"tartan"，来自古法语羊毛"tirer"一词，意为"花格绒呢"，最早的苏格兰格子图案是一种风尚产物。

苏格兰地区有着悠久的毛纺织传统，能织造出质量精良的方格花呢，11世纪时开始使用方格花呢制作服装。氏族制度的产生确立了方格花呢的"徽章布料"地位。15世纪左右，苏格兰人将不同颜色的方格花呢作为氏族标志服装，以区分各个氏族。随着时间的推移，苏格兰格子图案逐渐融入人们的日常生活，成为苏格兰传统服饰、家居装饰和手工艺品中不可或缺的元素。

苏格兰格子图案的特点鲜明，其格子纹理独特，通常由交错的水平和垂直线条组成方格结构，通过不同颜色和宽度的线条组合，可以形成各种各样的格子图案。常见的格子图案包括窄格子、宽格子、牛津格子等，每种图案都有其独特的特点和象征意义。某些格子图案可能代表着特定的家族、职业或社会阶层。如图6-29中红色搭配绿色的皇家斯图尔特格纹曾是伊丽莎白二世的个人纹样。在黄色地上交叉着黑色宽格的布莱克氏族方格（图6-30），由蓝色、绿色和黑色组成的格兰特氏族方格（图6-31），以及由墨绿色、海军蓝、红色和黑色组成的麦克唐纳氏族方格（图6-32），

图6-29　皇家斯图尔特格纹

都是英国最正统的方格图案。这些丰富多样的格子图案反映了苏格兰人对传统文化的珍视和对美的独特追求。这些格子图案被广泛应用于苏格兰裙、披肩等服饰上，同时也应用在窗帘、毯子等家用纺织品上，为家居环境增添了独特的风情。

图6-30　布莱克氏族方格

图6-31　格兰特氏族格纹

图6-32　麦克唐纳氏族方格

苏格兰格子图案充分展现了苏格兰人的民族自豪感和文化传统，其艺术风格和设计对后世的纺织品设计产生了深远的影响，还受到了全世界各国人民的喜爱。

二、苏格兰格子图案的衍生纹样

1. 千鸟格纹

千鸟格纹（图6-33）发源于苏格兰，英文为houndstooth，特点是由双色构成的变形格子（四个尖角

的形状），以黑白色最为传统。千鸟格纹最初用特殊的毛纺织方法织成，这种纺织方法使得织物呈现出独特的纹理和质感。后来，千鸟格纹成为各种质地织物上的固定纹样，广泛应用于服装、配饰等领域。它的经典配色和独特纹样使其具有较高的辨识度，常常给人一种优雅、精致的感觉。

2. 威尔士亲王格纹

威尔士亲王格纹（图 6-34）极具书卷气，由细小格纹交错形成有过渡的格纹。它的起源与威尔士亲王引领的穿衣潮流密切相关，最早是英国绅士独享的纹样，体现了他们的品位和身份。威尔士亲王格纹中含有细小的千鸟格，颜色通常包括黑色、灰色、白色，纹路较小，相对而言这使得它的质感更加高级。这种格纹常用于传统西装的制作，能够展现出穿着者的稳重和优雅。

3. 维希格纹

维希格纹（图 6-35）于 18 世纪产自法国维希小镇，由两种颜色的线交错织成，由于经纬线的交替变化而形成三种颜色。相较于其他格纹，维希格纹的特点较为鲜明，最好辨认。它所体现的气质从拘谨讲究的英伦绅士变成了优雅浪漫的复古少女，给人一种清新、甜美的感觉。维希格纹常常应用于服装、家居纺织品等领域，为产品增添了浪漫的氛围。

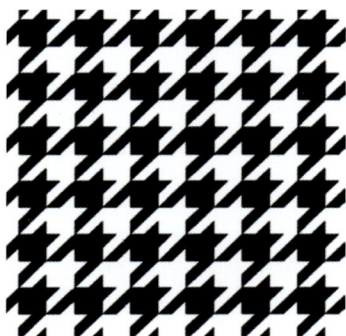

图 6-33　千鸟格纹　　　　图 6-34　威尔士亲王格纹　　　　图 6-35　维希格纹

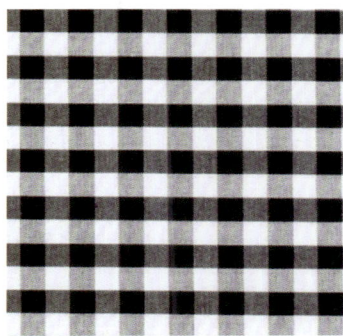

4. 马德拉斯格纹

马德拉斯格纹（图 6-36）源自印度东南部的热带城市马德拉斯，早期印度人依据本地颜色对各种苏格兰格纹进行了改变。将明亮跳脱的颜色运用到传统正装中碰撞出不一样的火花，为服装带来了独特的视觉效果。20 世纪 60 年代，美国有一种被称为"流血的马德拉斯"的流行格纹，这种格纹是在疏松的棉织物上用植物染料染出来的，而且颜色中加入了亮黄色、橙红色等鲜艳的色彩。由于是植物染色，每次洗涤后会产生褪色和"流血"的视觉效果，给人带来惊喜。马德拉斯格纹的独特之处在于色彩鲜艳和变化多样，能够展现出个性和活力。

5. 窗型格纹

窗型格纹（图 6-37）也叫玻璃格纹，英文为 windowpane，从名字就能看出它与窗户有关。它由非常宽大的格子组成，每个都呈正方形，线条大多是白色或者灰白色。当它用在女装上时，非常大气简洁，且带有一点复古的情调，能够展现出女性的优雅和自信。类似的还有棋盘格纹、菱形格纹等。棋盘格纹由两种颜色的方格交错组成，形成类似棋盘的图案，具有简洁、明快的特点；菱形格纹则由菱形组成，线条流畅，给人一种时尚、动感的感觉。这些格纹各有特色，为服装设计和装饰提供了丰富的选择。

图 6-36　马德拉斯格纹　　　　　　　　图 6-37　窗型格纹

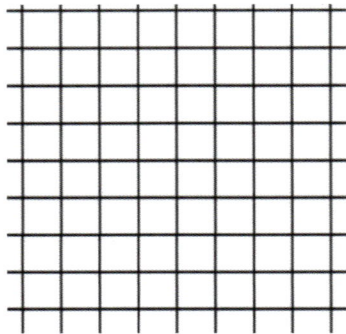

6. 牧羊格纹

　　牧羊格纹（图 6-38）通常是白色底上由宽幅相同的浓淡灰色格纹交叉其上，淡色格子里可见斜条纹。通过改变颜色、宽度、深度、条纹的数量，形成多种样式，其中经典的便是对比强烈的黑白格纹。在苏格兰，黑白格纹是婚礼上最隆重的格纹，例如新郎在婚礼上会穿黑白格纹的服装，现在苏格兰依然保持着这个传统。

　　1760 年，诺森伯兰公爵（Duke of Northumberland）指定这种格纹为他的私人格纹，家臣们也都穿此格纹的服装，后来它被作为诺森伯兰郡的正式格纹，成为当时苏格兰和英格兰边境地区最著名的格纹，所以牧羊格纹也叫诺森伯兰格纹（Northumbrian Tartan）或边境格纹（Border Tartan）。

7. 博柏利格纹

　　博柏利（Burberry）格纹（图 6-39）也称新星格（Nova Check），是英国传统品牌博柏利的象征性纹样，也是由苏格兰格纹演变而来的。1924 年博柏利格纹被运用于风衣中，之后此经典格纹也逐渐成为家喻户晓的品牌代表性标志。这种格纹是在米色底上，由红色、骆驼色、黑色和白色条格组成的，黑色、白色、红色条里面是短斜线，并不是完全的色条。

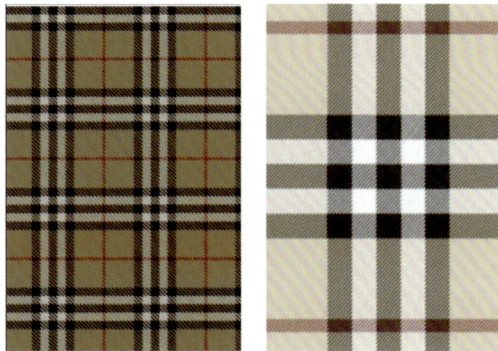

图 6-38　牧羊格纹　　　　　　　　　图 6-39　博柏利格纹

三、苏格兰格子图案的应用

　　苏格兰格子图案在时装设计中占据着重要的地位，尤其是在秋冬季节，羊毛大衣、围巾和裙装等单品中常常采用这种纹样，为服装增添独特的魅力。英国品牌博柏利以其标志性的格子图案闻名于世，其经典的格子大衣和围巾不仅品质上乘，而且设计时尚，成为时尚人士的首选（图6-40）。此外，苏格兰格子图案还广泛应用于各种服装配饰中，如围巾、领带、帽子等，这些配饰能够为整体造型加分，展现出佩戴者的个性与品位。古驰2017早春系列推出苏格兰格子的相关时尚秀场，深受时尚人士的喜爱（图6-41）。

格纹也被运用于床品、窗帘等室内纺织品设计中，如美国品牌拉夫劳伦（Ralph Lauren）曾推出苏格兰格子图案的家居系列（图6-42），该系列以经典格子图案和舒适面料为特色，为家居环境注入了温馨与舒适的感觉。这些产品不仅具有实用性，还能起到装饰空间的作用，使家居环境更加美观与和谐。

此外，苏格兰格子图案还在箱包、鞋履、墙纸等其他领域得到广泛应用，许多品牌都会将苏格兰格子图案融入自己的设计中，以展现品牌的个性与风格。意大利品牌范思哲曾推出苏格兰格子图案的系列墙纸，这些墙纸运用经典格子图案与奢华金属元素，为室内空间注入了典雅与奢华的气息，使整个空间显得更加高贵与时尚。

图6-40　博柏利格纹风衣与上衣

图6-41　古驰2017早春系列服装

图6-42　拉夫劳伦家居用品

第七章　文艺复兴时期的纺织品纹样

第一节　文艺复兴时期纺织品纹样概述

文艺复兴是 14~16 世纪在欧洲兴起的一场思想文化运动。这一时期，社会发生了深刻变革，人们对古典文化的崇尚以及对人文精神的追求达到了新的高度，极大地影响了纺织品纹样的发展。文艺复兴的思潮也迅速地在纺织品上表现出来，纺织品的奢华程度不断升级，以华美为特征的丝织物越发丰富多彩，丝绸花样不断翻新，意大利纺织业在欧洲大放异彩。

文艺复兴时期的纺织品纹样巧妙地融合了古希腊、古罗马艺术的元素和当时新兴的人文主义思想。设计师们从古典神话、历史事件以及《圣经》中获取灵感，将其转化为精美的纹样。例如，那些勇猛的神话英雄、庄严的神祇以及宏伟的古代建筑，都通过细腻的线条和逼真的形象在纺织品上得以呈现（图7-1）。此外，自然元素也是这一时期纺织品纹样的重要组成部分。娇艳的花卉、灵动的鸟儿、繁茂的枝叶，都被描绘得栩栩如生，与古典主题相互映衬，营造出一种既优雅又充满生机的独特风格。

图 7-1　《约书亚和大卫王》缂织壁毯

在当时的社会中，这些纺织品具有举足轻重的地位。它们不仅是宫廷和贵族彰显身份与品位的重要象征，还广泛应用于宗教仪式和重要社交场合。其精湛的工艺和别具一格的纹样设计在欧洲乃至全球范围内都产生了深远的影响。

第二节　文艺复兴时期纺织品纹样的特点

一、《圣经》题材的纹样

13 世纪的哥特时代，整个欧洲弥漫着"末日来临"的惊慌，人们在信仰上帝的同时也沉溺在超脱尘世的神秘幻想中，大量修建教堂，宣扬基督教义、启迪信仰的《圣经》题材广泛用于缂丝、刺绣的壁毯、祭服等上的纹样中，这一传统也延续到文艺复兴时期。曾任美国纽约大都会艺术博物馆馆长的伊丽莎白·克莱兰德说过："15 和 16 世纪期间，缂织壁毯是最贵重的艺术品。"如拉斐尔于 1515 年为西斯廷大教堂创作的 10 幅以圣彼得与圣保罗的故事为题材的缂丝作品，因构图独到与米开朗琪罗的《创世纪》壁画齐名，现仅存 7 幅且只在特殊场合亮相，拉斐尔开启了缂丝针织的先河（图 7-2、图 7-3）。意大利画家安德烈亚·德尔·萨托设计了《圣家族》的挂毯。这些挂毯反映了基督教文化的深厚影响，像绽放出人文主义的绚烂花朵，这些神话人物以其优美的姿态和神秘的魅力，成为纺织品纹样的重要组成部分。又如在以意大利画家朱利奥·罗马诺的作品为蓝本制作的壁毯《扎马战役》上，战士们的英勇身姿和激烈的战斗场景栩栩如生，仿佛将人们带回到那个辉煌的历史时刻（图 7-4）。

图 7-2　《保罗在雅典的布道》（拉斐尔）

图 7-3　《基督对彼得的嘱咐》（拉斐尔）

图 7-4　《扎马战役》（缂织壁毯）

同时，人文主义精神在这类纹样中得到充分体现。对人体美的崇尚使得人物形象更加真实、生动且富有立体感，不再是中世纪那种刻板、僵硬的形象，而是具有鲜活的表情和自然的姿态。比如一款羊毛披肩，上面绣着人们正在欢庆节日的场景，人们的笑容和姿态表现了生活中的喜悦，表达了对人类自身价值和美好生活的赞美。

二、精湛工艺与丰富装饰

文艺复兴时期的纺织品以其精湛绝伦的工艺和令人叹为观止的丰富装饰而著称。刺绣技术达到了前所未有的高度，丝线的运用细腻入微，针法多样，如平针绣、锁链绣、打籽绣等。在一块亚麻桌布上，精美的刺绣花朵仿佛在微风中轻轻摇曳，每一片花瓣都展现出细腻的纹理和柔和的色彩。

织锦工艺更是华丽非凡，金银线的加入使得纹样闪耀着璀璨的光芒。在一件宫廷礼服裙摆上的华丽纹样中，金银线交织出的花纹与彩色丝线描绘的花鸟相互映衬，彰显出无比的奢华与尊贵。除了花卉和动植物纹样外，几何纹样也被巧妙地运用其中。菱形、三角形、圆形等组合成复杂而有序的纹样，增强了视觉的层次感和节奏感（图7-5）。

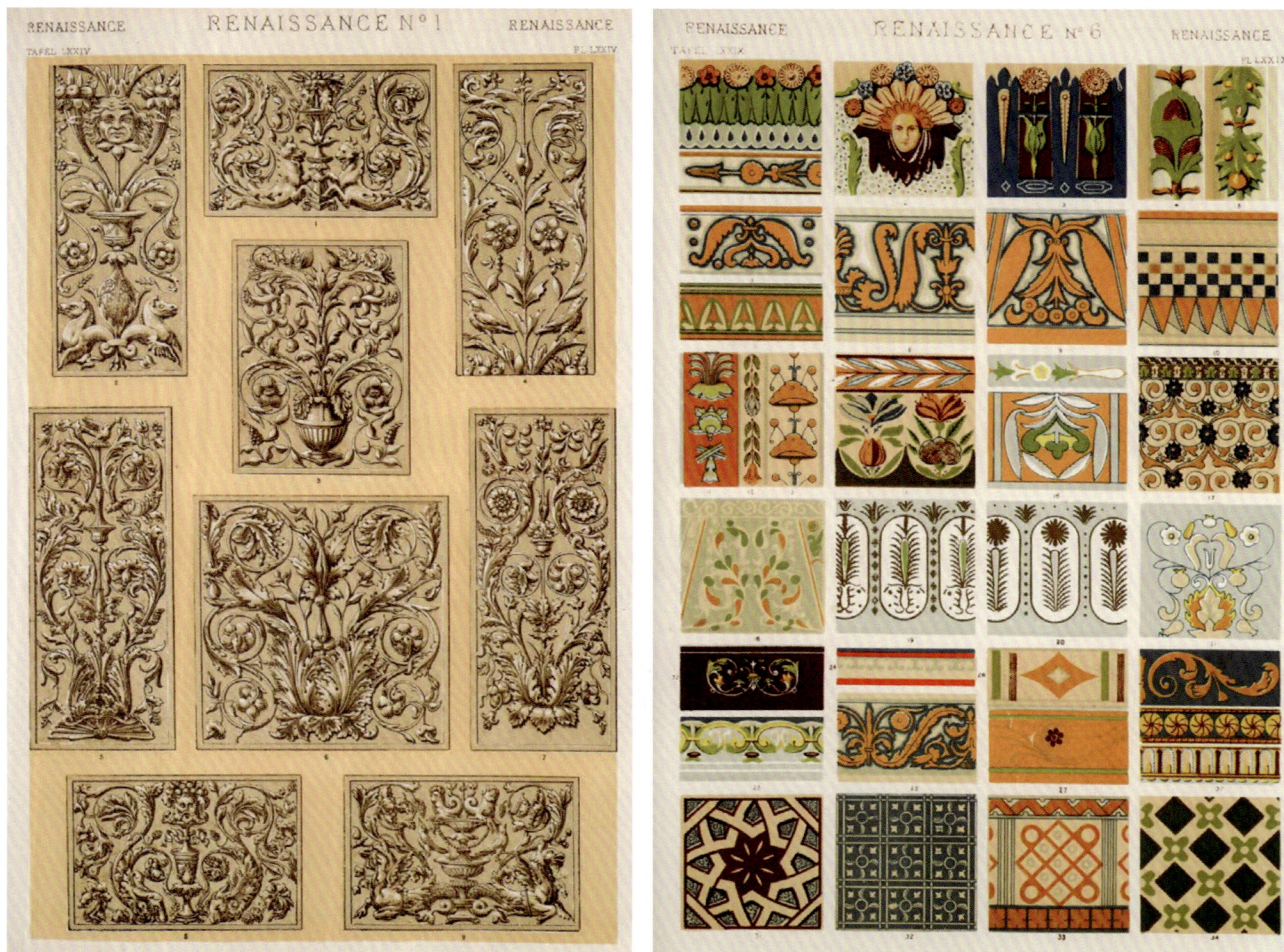

图 7-5　文艺复兴时期的装饰纹样

三、东方文化影响下的石榴纹样

石榴纹样最早产生于几千年前的亚述地区，与写实的松果形花纹一起使用，并被波斯和希腊所继承，15世纪时，通过伊斯兰艺术传播到欧洲的意大利，到文艺复兴时期，石榴纹样已经非常流行。

佛罗伦萨是意大利重要的纺织生产中心，文艺复兴时期佛罗伦萨生产的石榴纹样的丝绸多达上千种，这种纹样也被称为"面包果"或"果实"。直到19世纪以后这种纹样才被命名为"石榴纹样"。

石榴纹样尺寸较大，花型循环尺寸达55.88cm×121.9cm，特别适合装饰教堂及贵族家庭装饰用的天鹅绒织物，显得华丽高贵、庄重典雅。如图7-6所示的文艺复兴时期的油画作品，其中人物穿着各种天鹅绒的饰有变形石榴纹样的服饰，在波浪形骨架中，我们可以看到明显的石榴纹样。16世纪中后期，石榴纹样逐渐变得程式化，波浪形结构更加突出，纹样构成也更显烦琐、生硬。

图7-6 油画中服饰上的石榴纹样

文艺复兴时期的纺织品纹样还注重描绘自然形象，追求古希腊、古罗马对称整齐的均衡构图，在波浪式构图中，表现极有个性和节奏感的写实花卉纹样，庄重大方。同时，还经常以反复的涡形线为主干，将卷叶、花枝进行两面均齐或四面均齐的排列，色彩富丽，构图自然（图7-7、图7-8）。

图 7-7　文艺复兴时期的纺织品纹样

图 7-8　油画中的服饰纹样

第三节　文艺复兴时期纺织品纹样的应用

　　文艺复兴时期是欧洲历史上具有重要意义的时期，这一时期的文化复兴、艺术繁荣对欧洲的文化、艺术产生了深远影响。文艺复兴时期的纺织品纹样以其经典、华丽和奢华著称。当代设计师也热衷于运用文艺复兴时期的古典纹样、装饰元素以及华丽的面料，打造出富有历史韵味的时装。例如，香奈儿品牌曾推出文艺复兴风格的时装系列，其服装常常运用精美的古典纹样和华丽的刺绣，展现奢华典雅的风格（图 7-9）。除了时装设计外，文艺复兴时期的纺织品纹样也广泛应用于各种服装配饰，如手袋、头饰、项链等。很多设计师喜欢运用文艺复兴时期的装饰元素和精湛的工艺，为配饰增添历史的韵味和艺术的气息。例如，香奈儿品牌推出过文艺复兴风格的手袋系列，通过运用精美的古典纹样和华丽的装饰，使手袋成为时尚人士的收藏品。

图 7-9　香奈儿品牌 2013 早秋服装

第八章　巴洛克时期的纺织品纹样

第一节　巴洛克风格

巴洛克（baroque）一词的出处说法不一，一般认为有三种：一是源于葡萄牙文中的 barroco 和西班牙文中的 barorueco，意为畸形之珠、不合常规等；二是源于中世纪拉丁文中的 baroco，意为荒诞的思考、繁缛可笑的神学讨论；三是源于意大利文中的 barocchio，意为暧昧可疑的买卖活动。巴洛克作为形容词有"俗丽凌乱"之意。欧洲人最初用这个词指缺乏古典主义均衡特性的作品，后来被 18 世纪末新古典主义理论家用来嘲笑 17 世纪欧洲盛行的一种奇异的艺术和文学风格。现今这个词已失去了原有的贬义，仅指 17 世纪风行于欧洲的一种艺术风格。

巴洛克风格起源于意大利，随后如涟漪般扩散至欧洲各地。在纺织品纹样领域，巴洛克时期的设计师得益于宗教与皇室的慷慨赞助，才得以在广阔的创作舞台上挥洒才情。巴洛克纹样常用于宫廷服装和正式礼服上，一些欧洲贵族的礼服以巴洛克风格的花卉纹样和金属丝线为特色，展现出尊贵和优雅的气质。

初期的巴洛克纹样以变形的花朵、花环、果物、贝壳为主要题材，后期的纹样以莲花、棕榈叶构成古典的涡卷纹，与其他新颖奇特的题材相结合。例如，园林拱门、亭台楼阁、庭院花坛、中国神仙、孔雀翎毛等穿插组合成充满想象的纹样（图 8-1、图 8-2）。

图 8-1　巴洛克风格纹样

图 8-2　巴洛克时期东方风格的漆柜

第二节 巴洛克时期纺织品纹样的特点

巴洛克时期纺织品纹样的设计深受文艺复兴的影响，同时在表现形式上更加张扬，充满了戏剧性的张力。其蕴含深意的装饰设计风格，以及斑斓的色彩、分明的层次感，深受欧洲社会各个阶层的喜爱，从庄严的宫廷到富丽的商贾之家，巴洛克风格的纺织品生动地展现出那个时代的繁荣、奢华与绚烂多彩（图8-3、图8-4）。

图8-3 巴洛克风格女装

图8-4 18世纪巴洛克风格男装

1. 奢华和繁复的设计

巴洛克时期的纺织品纹样，因其极度奢华和繁复的设计风格而声名远扬。这种奢华显著地体现在纹样中对大量贵重材料与装饰的运用上，像熠熠生辉的金银丝线、璀璨夺目的珠宝以及珍稀的宝石等。这些珍贵材料的使用，不仅让纺织品拥有了金碧辉煌、光彩照人的外观，还为其增添了浓郁的宫廷式华丽气息。与此同时，纹样的设计堪称复杂精妙，往往以数不胜数的卷曲线条、优美流畅的曲线以及形态各异的叶子形状作为显著特征。如此巧妙的设计，成功地营造出了强烈的立体感和层次感，使得整个纹样变得愈发丰富多彩、绚丽多姿，令人赏心悦目。

2. 寓意丰富的纹样元素

巴洛克时期的纺织品纹样常融合了丰富的寓意和象征元素。宗教题材是其中最重要的元素之一，常见的题材包括天使、圣母玛利亚、十字架等宗教符号，体现了当时基督教信仰的深远影响。除此之外，纹样中也常出现古典建筑、花卉、动物等元素，代表了对自然和生命的崇拜。这些纹样元素不仅具有装饰性，还富有象征意义，体现了当时社会对美好生活的向往（图8-5）。

图8-5 巴洛克装饰纹样（约翰·克里斯托夫·维格尔）

3. 色彩的丰富和对比

巴洛克时期的纺织品纹样色彩丰富、对比强烈。常用的颜色包括金色、红色、紫色等富丽堂皇的颜色，与深色的背景形成强烈的对比，展现出宫廷式的奢华氛围。对比色的运用使纹样更加突出，增强了视觉效果，体现了设计师对于色彩搭配的巧妙运用和对于视觉效果的追求（图8-6）。

4. 对称和层次感的表现

巴洛克时期的纺织品纹样通常具有明显的对称性和层次感。对称的布局使纹样更加稳定和谐，体现了设计师对对称美的追求。同时，纹样的层次感也十分丰富，常常通过重叠和错落的方式表现，使整个纹样更加立体和丰富多彩，给人以有深度和立体感的视觉体验（图8-7）。这种对称和有层次的表现方式，使得纺织品纹样在视觉上更加吸引人，给人们带来视觉上的愉悦和享受。

图 8-6 巴洛克风格壁毯纹样 1　　　　　　　图 8-7 巴洛克风格壁毯纹样 2

第三节　巴洛克风格纺织品纹样的应用

巴洛克风格纺织品纹样在时装设计中的应用是极具创意和艺术性的，其灵感主要来自巴洛克时期的艺术和文化。设计师通过对巴洛克时期的建筑、绘画、雕塑等艺术形式的研究和借鉴，将巴洛克风格的元素巧妙地运用到时装设计中，创造出充满戏剧性、奢华感和艺术气息的作品，展现出贵族气质。这些纹样设计奢华繁复，色彩丰富，常常运用金银丝线和贵重宝石，呈现出独特的艺术感和华丽感。

在 2013 秋冬系列时装秀中，亚历山大·麦昆在作品中融入了巴洛克艺术的精髓，这场秀不仅是对奢华与戏剧性的现代诠释，更是巴洛克华丽装饰元素与现代时尚设计的完美融合，为观众带来了前所未有的视觉盛宴（图 8-8）。

巴洛克风格纺织品纹样还常被运用于家用纺织品和服饰品的设计中，如地毯、窗帘、抱枕、丝巾等。范思哲就推出过以巴洛克风格为灵感的丝巾纹样设计（图 8-9）。还有印有华丽花卉纹样和古典纹样的地毯和窗帘，为家居空间增添了奢华感和艺术气息。这些纹样设计丰富多彩，展现出艺术家对于对称、层次和色彩搭配的独特见解。

时至今日，巴洛克时期的纺织品纹样虽已不再是主流设计趋势，但其独特的美学魅力仍对当代艺术与时尚产生着深远的影响。

图 8-8　亚历山大·麦昆的 2013 秋冬系列服装

图 8-9　范思哲巴洛克风格丝巾设计

第九章　洛可可时期的纺织品纹样

洛可可（rococo）风格是 18 世纪欧洲艺术和建筑的重要流派，起源于 18 世纪中期的法国。它兴起于法国社会的变革时期，与巴洛克时期厚重繁缛的装饰风格相反，洛可可风格追求柔和、细腻和曲线式的装饰样式，特别是岩窟贝壳工艺，以不对称、不匀整的曲线为主要装饰手段。洛可可一词最早出现于 19 世纪初，是一些新古典主义艺术家用来形容 18 世纪中期流行于欧洲各国的装饰样式。在法国主要是指菲利普二世摄政时期（1715~1723 年）和路易十五时期（1715~1774 年），在英国、法国、德国等国均是指 18 世纪中期。

18 世纪初，随着经济增长和贸易繁荣，欧洲各国交流频繁，文化艺术相互融合。新纺织技术和材料使纺织品质地更优、色彩更艳，设计师从自然、文学等领域汲取灵感，创作出精美纹样。洛可可时期的纺织品因精湛的工艺和优美的纹样成为宫廷和贵族的"宠儿"。通过选用上乘丝绸、绢缎等，运用刺绣等手工技艺，使纹样更加细腻生动。纹样风格轻盈优雅，充满浪漫情调与自然元素，在时尚和室内装饰领域占据重要地位，是上流阶层的时尚标志。

第一节　写实性花卉纹样

一、写实性花卉纹样的发展

自中世纪开始，花卉纹样成为欧洲纺织品纹样的主要题材，如《贵妇人与独角兽》壁毯的背景上就有紫罗兰、百合、风信子、雏菊、红瞿麦、报春花等无数鲜花。壁毯画面的内容是具有宗教信息隐喻性的故事，这种满地鲜花的景象是中世纪欧洲人所憧憬的，壁毯上的图案表达出上帝的爱和意志，以及在人间享受的幸福。正如但丁在《神曲》中所描绘的那样，天堂是充满各种奇花异草、繁花似锦的乐园。

17 世纪初，欧洲探险家从世界各地搜集了无数的珍稀花草，社会上也流行栽培具有异国情调的花卉。1634~1637 年，荷兰还发生了郁金香狂潮，郁金香成为当时资本炒作的目标，引发了不小的社会骚乱。17 世纪后半期，欧洲涌现了许多专门画花卉的艺术家，各种花卉画作品不断涌现，助长了人们对花卉的钟爱之情，甚至发展到近乎憧憬迷恋的程度。荷兰的花卉画家扬·凡·海以森，被誉为"蔷薇拉斐尔"的皮矣尔·约瑟夫·雷杜德，被誉为"花卉大王"的扬·勃鲁盖尔，以及安布罗休斯·博斯查尔特等众多擅长花卉创作的画家，发表了许多不同季节的花卉作品（图 9-1~图 9-4）。花卉绘画的发展直接影响到纺织品纹样的设计，花卉逐渐成为纺织品纹样的主角，那些绝妙的造型、鲜艳的色彩、优雅的构图通过丝绸的光泽隐隐映照出洛可可艺术的曙光。

图 9-1　扬·凡·海以森作品

图 9-2　皮埃尔·约瑟夫·雷杜德作品

图 9-3　扬·勃鲁盖尔作品

图 9-4　安布罗休斯·博斯查尔特作品

二、写实性花卉纹样的应用

　　洛可可艺术风格的发展离不开法国路易十五国王及宠妃蓬芭杜夫人（图9-5）的推动。在欧洲社会对花卉的狂热情绪中，宫廷王室也搭建了专门的温室培育各种珍花异草，如路易十五在特里亚农宫建了种养花草的温室，路易十六王妃玛丽·安托瓦内特在凡尔赛宫建造了培育花卉的小城堡等。花卉园艺的发展和普及，使花卉成为人们推崇的装饰题材，服饰设计师以这些花型作为纹样，织造美丽的纺织品，优雅华丽的花卉装饰纹样从此诞生，以至发展成独特的洛可可文化。理查德·莱特在《园艺历史》中描述了当时的状况："花卉成为服饰和窗帘设计构思的源泉，优秀设计师厌倦了司空见惯的花卉，喜欢从异国情趣的花卉中发掘灵感，从而引起了法兰西园艺界、纺织界对所有花卉强烈的兴趣。"

　　无论是绽放在花园还是原野中的花卉，设计师都会按照自然的造型和色彩真实地表现在纺织品上，这也被认为是当时图案设计师最大的成就。路易十四时代，纺织品花卉纹样比实际的花卉还大，有时甚至一幅布料上就只有一朵花，非常突出。路易十五时代的花卉纹样仍是纺织品纹样的主体，以蔷薇花为主，一朵一朵或一束一束的蔷薇花或构成缎带花结，或用花边纹样作底纹，上面散点排列着蔷薇花束，沉畅弯曲的枝茎和草蔓缠绕着蔷薇花束，构成优雅纤巧的曲线式花卉纹样，好像庭院里一年四季开满了各式鲜花（图9-6）。当时著名纹样设计师杰贝尔·德·里贝尔蒂称这一时期为"花卉帝国时期"（the Empire of Flora）。

图9-5　《蓬芭杜夫人》（弗朗索瓦布歇）

图9-6　洛可可时期的花卉纹样

第二节　中国风纹样

　　随着东方贸易的进一步发展，欧洲国家接触中国和日本的绘画、装饰品以及其他日用品的机会逐渐增多。另外，印度萨拉萨织物在欧洲流行，也增加了欧洲人对亚洲的向往。

　　中国风纹样与洛可可风格中的贝壳曲线纹样相结合，浑然一体，最终发展成幻想式的中国风装饰纹样。身穿长袍的中国人物、雕梁画栋的楼台亭阁、山清水秀的田园乡野、春夏秋冬的风花雪月等中国题材，大量出现在里昂织锦、刺绣等丝绸纺织品中。从中国元素中汲取设计构思，创造符合欧洲人品位的生活艺术品，不仅对丝绸织物，甚至对整个西欧各国的室内装饰、家具、壁纸、陶瓷及其他日用器具等都产生了极大的影响。如图9-7中不仅可以看到中国形象的人物，还有中式阳伞等日用品形象，表现了当时人们对遥远中国的向往。

图9-7　17世纪中国风纹样

第三节　洛可可时期纺织品纹样

　　洛可可风格在其发展过程中形成了一系列鲜明的特点，这些特点在纺织品纹样中得到了充分的体现。洛可可风格最初是为了反对宫廷的繁文缛节和庄严工整的巴洛克风格而兴起的。与巴洛克风格相比，洛可可风格更多地使用留白，纹样多呈现贝壳状、火焰状、水波状和树枝状。它巧妙地把一切能用的颜色粉白化，把一切尖角柔和化，把直线条曲线化，使得整体感觉变得温馨可爱、平易近人。这种风格不仅仅局限于主体艺术，还延伸到了边缘艺术的各个领域。例如欧洲宫廷贵妇的晚礼服上的花边、马卡龙等小型甜品及其包装盒、地毯的花纹、书籍的边缘装饰和书签，任何精美小巧的纹样设计均可被算作广义的洛可可风格。

洛可可风格的设计，不论是应用在室内设计，还是装饰品设计，甚至建筑外观设计，都令人无法忽视。墙、天花板、家具、金属和陶瓷器具等展现出一种统一风格的和谐。相比于巴洛克风格三富强烈的原色和暗沉色调，洛可可风格崇尚柔和的浅色和粉色调。

洛可可时期的纺织品纹样具有以下显著特点。

1. 优雅与浪漫

洛可可时期的纺织品纹样以优雅和浪漫而闻名（图9-8）。这一时期的设计师深受当时文化思潮和艺术氛围的影响，他们从自然界和古典文学中获取灵感，创作出大量优美的纹样。自然界中的花卉，如玫瑰花、牡丹花、蔷薇花等，以其娇艳的姿态和细腻的花瓣成为设计师钟爱的元素。飘逸的羽毛象征着自由和轻盈，迷人的藤蔓则寓意着生命的蔓延和成长。这些纹样常常展现出曲线优美、线条流畅的特点，给人一种轻盈、柔美的感觉，符合当时人们对于艺术的审美追求。这种优雅与浪漫的风格不仅体现在纹样的形式上，还体现在色彩的运用上。柔和的粉色、淡蓝色、浅黄色等色彩相互搭配，营造出温馨、梦幻的氛围。

2. 对称与装饰

洛可可时期的纺织品纹样注重对称与装饰。在当时的社会背景下，对称被视为一种完美与和谐的象征，因此设计师常常使用镜像对称和重复的设计手法，使纹样整体呈现出和谐的美感（图9-9）。丰富的装饰元素，如蕾丝、蝴蝶结、珍珠等，被巧妙地融入纹样中，增强了纺织品的华丽感和层次感（图9-10）。对称的布局和丰富的装饰与当时欧洲贵族社会的生活方式和审美趣味相契合，这是其受欢迎的一大原因。

图 9-8　洛可可时期的纺织品　　图 9-9　路易十五时期的洛可可织物　　图 9-10　洛可可时期的女性服装

3. 精湛的工艺

洛可可时期的纺织品纹样制作工艺非常精湛。当时的工匠们具备高超的技艺和丰富的经验，他们能够运用各种复杂的工艺技术，将设计师的创意完美地呈现在纺织品上。设计师常常使用丝绸、绢缎等高档面料，并采用刺绣、绣花、挑空等精细的手工技艺进行装饰。这些手工技艺使得纹样细节丰富，线条清晰，色彩鲜艳，体现了当时的工匠对于纺织品制作高超技艺和品质的追求。刺绣能够在纺织品上绣出精美的花卉和动物纹样，绣花可以增添立体感和层次感，挑空技术则使纹样更加通透和轻盈（图9-11）。

图 9-11　18~19世纪初贵族绅士服装上的纹样

第四节　洛可可时期纺织品纹样的应用

洛可可风格的装饰纹样作为高贵、优雅的典范，被广泛应用在室内装饰以及服饰设计中。服装设计师巧妙地将洛可可风格的曲线、花卉、蕾丝、织物褶皱等元素融入服装设计中，营造出一种精致而富有层次感的效果。例如，国外服装品牌莫斯奇诺（Moschino）、迪奥（Dior）、塞尔基（Selkie）、汤姆·布朗（Thom Browne）等将华丽的洛可可风格的服装展现于T台之上（图9-12~图9-15）。这些服装上运用了精致的绣花、褶皱和蕾丝等元素，展现出一种典雅而浪漫的风格；在材质上选用了高档的丝绸、天鹅绒等，在剪裁和缝制上也精益求精，以确保服装的线条流畅、贴合身体曲线，展现出女性的柔美和优雅。

图 9-12　莫斯奇诺2020秋冬系列服装

图 9-13　塞尔基2024春夏系列服装

图 9-14　迪奥 2007 秋冬系列服装

图 9-15　汤姆·布朗 2020 春夏系列服装

第五节　朱伊纹样

一、朱伊纹样的起源

朱伊纹样（Toile de Jouy）起源于 18 世纪晚期的法国，当时德籍年轻人克里斯多夫·菲利普·奥贝尔康普在巴黎郊外的朱伊小镇开设了一个印花工厂。奥贝尔康普自幼随父学习印花工艺，1758 年到巴黎工作，后被邀请到塔邦纳公司。1760 年，他与弟弟及他人将公司迁至巴黎郊外的威乌尔河畔，创办了朱伊印花工厂。奥贝尔康普在 1790 年发明了铜版印花工艺，能够印出线条纤细并带阴影的纹样，同时，著名画家巴斯顿特·尤埃依照西方透视法则，用铜版腐蚀的方法，在棉或麻布上以线条的方式表现风景以及花卉的单色纹样，这就是朱伊纹样。

朱伊纹样最初也是从模仿印度萨拉萨上的纹样开始的。印度印花布在 17 世纪的欧洲掀起了一股流行热潮，受到社会各个阶层女性的狂热喜爱，虽然法国在 1686 年曾颁布过关于印度印花布的禁令，但仍抵挡不住人们对印度印花布的热情。在印度印花布热潮的驱使下，欧洲在 17 世纪末走上印花工业发展的道路，1678 年荷兰的阿姆斯特丹、1687 年瑞士等相继开设棉布印花厂。18 世纪中期前，欧洲印花行业的从业者尚不具有纹样创新的能力，多是对印度印花样本的借鉴或直接搬用。18 世纪中期以后，受到洛可可艺术的影响，以及欧洲花卉画家对自然主义花卉写实风格的表现，欧洲印花布的纹样题材才有了根本性的转变，开始转向欧洲本土的花草。

二、朱伊纹样的特点

朱伊纹样善于展现田园风光、劳动场景等富有故事情节的绘画图案，并用线性造型的方式以黑色、深红色、绿色表现花纹，纹样层次分明、造型逼真、刻画精细，是绘画与实用艺术结合的典范。

1. 主题性田园风景

朱伊纹样以田园风景为主题，描绘人与自然的情景，其表现手法丰富，画面具有叙事性和场景性、层次分明、造型逼真、形象繁多且刻画精细，是对自然和生活情感的深刻表达，具有绘画般的情节感。法国艺术家让·巴蒂斯特·休伊特（Jean-Baptiste Huet）擅长描绘田园风光，他围绕法国的田园风光创造了很多印花纹样。如《罗杰加冕仪式》（图9-16）和《磨坊和小驴》（图9-17），画面运用透视的方法，用单色的浓淡表现事物的远近深浅，充分采取欧洲版画技法，恰到好处地表现阴影。

图9-16 《罗杰加冕仪式》

图9-17 《磨坊和小驴》

2. 运用单一色彩

朱伊纹样采用单一铜版滚筒印花工艺，所以常采用单一色彩，最常见的是黑色、深红色和绿色，偶尔也会使用墨绿色、棕色和洋红色等颜色。统一的套色和手法使复杂的图形设计极具协调感，形色间呈现出古朴而浪漫的气息。

3. 几何形纹样样式

朱伊纹样除了有生活场景的散点排列样式外，尤埃还创造了一种具有新古典主义倾向的"卡麦奥"（Camieux）几何形纹样样式（图9-18），常以椭圆形、菱形、多边形、圆形等几何形状构成各自区域性的中心，在区域内配置单线条人物、动物、神话等图案。

图 9-18　卡麦奥样式

三、朱伊纹样的应用

朱伊纹样的设计向来以简洁明快、线条流畅、形象生动而著称，常常采用对称且轮廓清晰的构图方式，充分彰显出简约、精致的美学风格。作为欧洲经典的纹样之一，朱伊纹样带有欧洲上流社会的气息，至今也是时尚界常用的纹样之一，在家居和服饰等领域不断被重新演绎，为纺织品增添了无尽的华丽与典雅气息。

例如在梅森·马吉拉（Maison Margiela）2016 秋冬高级成衣系列中，设计师约翰·加利亚诺（John Galliano）大量采用朱伊纹样，巧妙地将传统纹样与现代剪裁手法相结合，呈现出令人眼前一亮的视觉效果，为经典风格注入了全新的生命力，完美地展现了品牌在传统与创新之间的精妙平衡（图 9-19）。在 2019 春夏高级成衣系列中，奥斯卡·德拉伦塔（Oscar de la Renta）对朱伊纹样进行了独特的重新演绎，将传统的田园风格图案与现代时尚元素完美融合，创作出一系列独特的作品（图 9-20）。迪奥更是多次在其时装作品中运用朱伊纹样，比如用淡雅色彩绣出的花卉、田园风景等图案，为服装赋予了浪漫而优雅的迷人氛围（图 9-21）。迪奥也曾推出过朱伊纹样的丝巾，将其品牌标志性的元素与朱伊纹样相结合，营造出独特的视觉效果（图 9-22）。

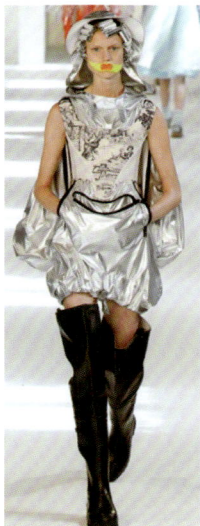

图 9-19　梅森·马吉拉 2016 秋高级成衣系列

图 9-20　奥斯卡·德拉伦塔 2019 春夏高级成衣系列

图 9-21　迪奥朱伊纹样风格秀场时装

图 9-22　迪奥朱伊纹样风格丝巾

在室内家具及装饰中，朱伊纹样也有着广泛的应用，常常被用来精心营造一种法式乡村风格的室内环境。设计师通过将朱伊纹样印刷或刺绣在墙纸上，成功营造出优雅而温馨的独特氛围（图 9-23）。

图 9-23　迪奥朱伊纹样风格家居产品

第十章　工艺美术运动时期的纺织品纹样

第一节　工艺美术运动简介

工艺美术运动（Arts and Crafts Movement）是 19 世纪下半叶在英国兴起的一场抵制机械化工业生产造成的设计水准下降的运动，这场运动的理论指导是作家约翰·拉斯金，运动的主要人物是艺术家、诗人威廉·莫里斯。他们反对机器美学，主张回到中世纪的手工艺传统，为少数人设计少数的产品。

19 世纪初期，工业革命的成果在西欧、美国得到广泛的推广，大批工业产品被投放到市场上，但设计却远远落后，艺术与科技逐渐分离。一方面，维多利亚式矫揉造作、过分装饰的风格仍在蔓延；另一方面，工业化的过程造成了不少社会问题，如贫民窟的出现、城市生活水平的恶化、疾病蔓延等。面对这些问题，一批艺术家、建筑师等知识分子感到无能为力，他们憧憬中世纪的浪漫，期望通过艺术与设计来逃避现实，退隐到他们理想的桃花源——中世纪、歌特时代。人们对 1851 年伦敦世界博览会所展示的工业革命成果褒贬不一。德国建筑师歌德佛雷特·谢姆别尔参观展览后，在《科学·工艺·美术》（1952 年）中指出：美术必须与技术结合，提倡设计美术，但同时他又认为大批量生产对设计而言是个危机，他反对机械化大规模生产。拉斯金认为：真正的艺术必须是为人民服务的，如果作者和使用者对某件作品不能有共鸣，并且不喜欢它，那么这件作品即使是天上的神品也罢，实质上只是一件十分无聊的东西。莫里斯参观展览后对工业化造成产品丑陋的结果感到震惊，希望能够通过自己的努力扭转这种设计颓废的状况，恢复中世纪讲究手工艺精湛的设计传统。

工艺美术运动倡导的风格具有以下几个特点：①强调手工艺，明确反对机械化的生产；②在装饰上反对矫揉造作的维多利亚风格和其他各种古典、传统的复兴风格；③提倡歌特式风格和其他中世纪的风格，讲究简单、朴实无华，注重功能；④主张设计的实用性，反对设计上的哗众取宠、华而不实；⑤装饰上还推崇自然主义，借鉴东方艺术的特点。

第二节　莫里斯纹样

一、威廉·莫里斯简介

威廉·莫里斯（William Morris，1834—1896），英国艺术家、设计师，英国工艺美术运动的代表人物，主张回归拉斐尔以前的中世纪精神，做神的忠实仆人，倡导重视哥特式创作精神。

莫里斯起初在斯特里德建筑事务所学习建筑，在认识英国画家兼诗人但丁·加百利·罗塞蒂以后改学绘画。他与画家爱德华·伯恩·琼斯在伦敦的红狮广场开设画室，准备在画坛大干一番，后来与简·伯顿结婚促使他走向对设计的探索。开画室和建立新家庭需要新的房子，以及采购各种家居用品。莫里斯身体力行，借助与简·伯顿结婚的机会，与好友菲利普·韦伯合作设计了著名的反哥特式住宅建筑——红房子。同时，他还自己动手设计了房屋内部的所有用品，从墙纸、地毯、餐具到灯具，以及室内的所有纺织品，具有哥特式风格特色，奠定了工艺美术风格形成的基础。

1861年4月，他与好友菲利普·韦伯、查尔斯·福克纳等共同创立了以设计生活用品为主的莫里斯·马夏尔·福克纳商会，主要致力于室内装饰、日用器皿、室内空间设计。

莫里斯在壁纸和印花布纹样设计方面留下了极为宝贵的财富。德裔英籍的艺术史家、建筑和设计史家尼古拉斯·佩夫斯纳在其著作《现代设计的先驱者：从威廉·莫里斯到格罗皮乌斯》中对莫里斯的设计评论道：充溢于莫里斯生命中的，首先应当想到他对设计的贡献，其次还是设计。莫里斯的设计充满活力，总给人以新鲜感，使人精神为之一振。他的设计丝毫没有冗长烦琐、松散无力之感。历史上还没有人能像莫里斯那样达到自然与样式完美的平衡。……所以，莫里斯的设计——不是模仿而是真正的设计语言——充分反映了他对自然界精密观察的结果。完全不是因袭陈旧的复刻而是变化精确、耳目一新的。

英国维多利亚·阿尔巴特美术馆对莫里斯的设计曾做过研究，将其分为五个时期。

1. 习作期（1862~1872年）

该时期的作品是莫里斯·马夏尔·福克纳商会成立的第二年即1862年设计的，是还没有真正从事设计壁纸、印花图案时的作品。这一时期的壁纸印花图案还流行以欧文·琼斯为代表的样式化设计，所以莫里斯的《格子》（图10-1）、《雏菊》（图10-2）、《水果与石榴》（图10-3）等自然主义的图案，尽管水平很高，但销售却不理想。莫里斯习作期的作品忠实于描绘自然，是十分现代的作品。

图10-1 《格子》

图10-2 《雏菊》

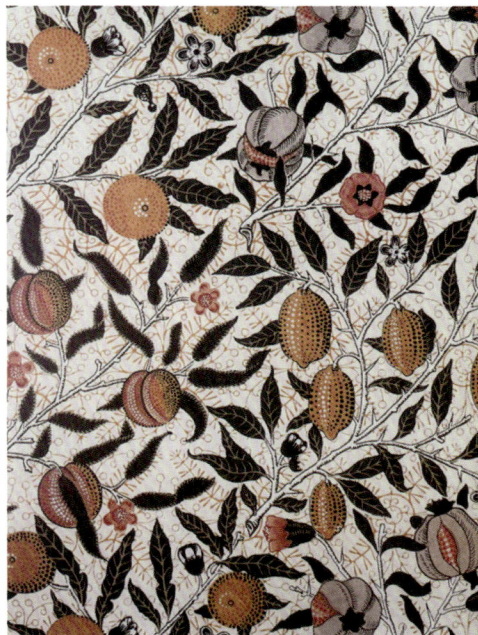

图10-3 《水果与石榴》

2. 第一期（1872~1876 年）

这段时间莫里斯开始从事壁纸设计，同时也开始正式投入印花纹样设计，共设计了 15 种纹样。这一时期他的作品花型描绘写实，用准确流畅的曲线充分表现出植物的自然形态——纵横交错，左右不匀地重复，并按一定的方式反复循环。这种新的曲线构成方式被称为 20 世纪初期兴起的"新艺术"。代表作品有《柳》（图 10-4）、《茉莉花》（图 10-5）等。

图 10-4 《柳》

图 10-5 《茉莉花》

3. 第二期（1876~1883 年）

这段时间他的设计倾向已大大地改变了原有的自然写实样式，转化为左右对称和纹样反复的形式。例如，原来写实描绘的花卉枝茎变为左右对称的曲线形态，或伸展为长圆曲线形态。这种枝茎的表现方法不注重细部描绘，所以分辨不出是何种花卉的枝干，代表作如图 10-6《孔雀和龙》。

4. 第三期（1876~1890 年）

这一时期他的纹样结构从直线反复变为斜线反复。代表作有《偷草莓的小鸟》（图 10-7）、*CRAY*（图 10-8）、*WEY*（图 10-9）、《繁缕花》（图 10-10）等明显的极富变化的倾斜反复纹样，整个纹样为斜线走向，更加充满流动感。

图 10-6 《孔雀和龙》

图 10-7 《偷草莓的小鸟》

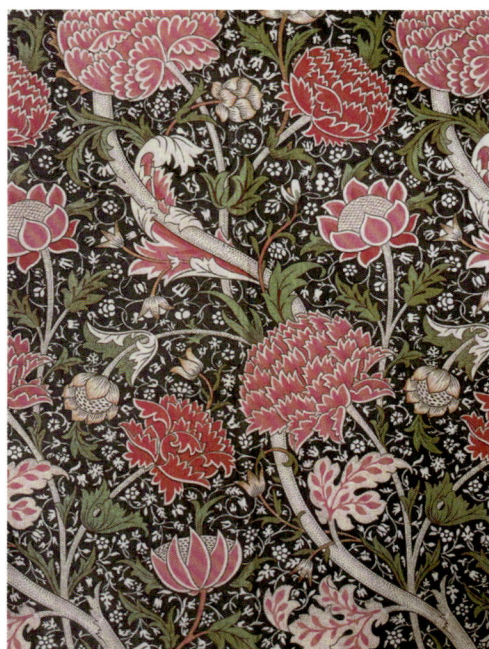

图 10-8 *CRAY*

图 10-9 *WEY*

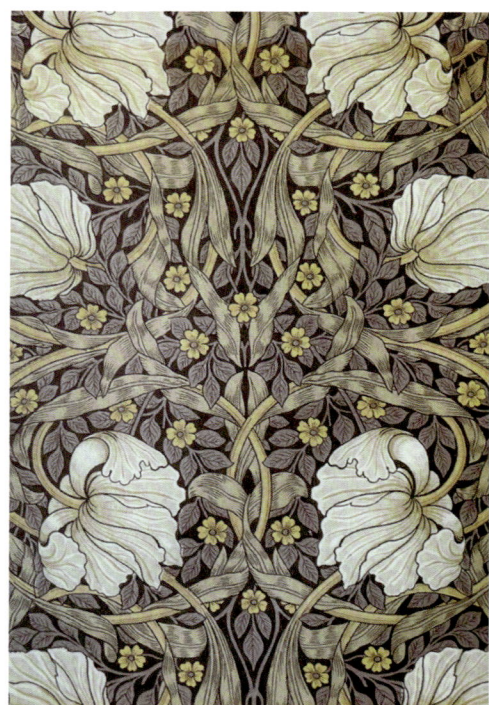

图 10-10 《繁缕花》

5. 第四期（1890~1896 年）

莫里斯晚期的设计作品中写实描绘和反复循环的形式互相结合，构成结构紧凑、排列密集、高水平的纹样，体现了自然主义与形式主义的统一，代表作有《王德尔》（图 10-11）等。

精美的莫里斯纹样的设计灵感来源于自然界，得益于他从少年时期对自然植物深入细致的观察，其设计理念强调自然和手工艺的重要性，反对盲目的机械制造和无节制的工业生产，倡导回归手工艺和个性化的生产方式。

图 10-11　《王德尔》

二、莫里斯纹样的特点

　　莫里斯纹样以复杂而精致的植物纹样为主，具有严谨的结构秩序，它不仅仅是一种美学上的创新，更是对社会和文化的反思，具有深远的国际影响。

1. 设计元素：对自然的描绘

莫里斯的设计哲学深深植根于对自然的深刻理解和热爱。他设计的纹样主要是对自然界精确和诗意的描绘，包括各种花卉、叶片、果实、鸟类和其他野生生物。这些纹样不仅仅是模仿，更是对自然美的一种颂扬。在莫里斯的设计中，每一片叶子和每一朵花都被赋予了生命。例如《偷草莓的小鸟》中，草莓植物的每一片叶子和果实都被精心描绘，展现出植物生长的自然状态。

莫里斯对自然细节的关注不仅仅体现在视觉上，更是一种对自然和谐与平衡的追求。他认为，将这些自然元素融入日常生活中的物品，人们可以更加亲近自然，从而提升生活的品质。

2. 色彩和构图：深邃与和谐

莫里斯在色彩的使用上非常独到。他偏爱饱和度高且温暖的色调，这些色彩能够营造出一种深邃而舒适的感觉。例如，他常用的深蓝色和森林绿色不仅增加了纹样的视觉深度，也使整个设计看起来更加丰富和生动。莫里斯对色彩的运用不仅是为了美观，更是为了传达一种情感和氛围。他的色彩选择反映了他对自然美的理解，以及对生活中和谐与平衡的追求。

在构图方面，莫里斯的作品通常以对称或重复的模式出现。这种排列方式不仅创造了纹样的节奏感，还体现了自然界中的秩序与和谐。莫里斯非常擅长利用对称和重复来平衡纹样中的各个元素，使整个设计既有规律性又不失变化和动感。

3. 风格特征：艺术与工艺的融合

莫里斯纹样的核心特点之一是对艺术与工艺的融合。对莫里斯来说，艺术不仅是为了装饰和美观，更是一种生活方式的体现。他强调手工艺的重要性，反对工业化生产带来的同质化和品质下降。在莫里斯的设计理念中，每一件作品都应该是独一无二的。这种理念不仅体现在他对纹样设计的独创性上，更体现在他对制作过程的重视上。莫里斯设计的纹样和产品都是通过传统手工艺方法制作的，如手工编织、印刷和染色等。

这种对手工艺的重视使得莫里斯的作品不仅仅是视觉上的艺术品，更是工艺上的杰作，他的每一件作品都充满了手工艺的温度和艺术家的个人风格。莫里斯通过这种方式，不仅创造了美丽的艺术品，也传承了传统手工艺的精髓。

三、莫里斯纹样的应用

莫里斯纹样不仅是一种装饰，更是莫里斯追求美好生活方式的体现。他认为，通过将艺术融入日常生活，可以提升人们的生活质量。因此，莫里斯纹样被广泛应用于墙纸、窗帘、家具和其他家居装饰品中。墙纸是莫里斯纹样应用最广泛的领域之一，这类纹样通常以复杂的自然纹样为主，使用鲜明而深邃的色彩，创造出一种既古典又现代的效果，在当时极为流行。

莫里斯纹样在纺织品设计领域同样占有重要地位，被广泛应用于各类布料，如窗帘、床单、桌布和服装等（图10-12）。莫里斯纹样在纺织品上的应用使得这些纺织品不仅是实用的日用品，更是艺术品，不仅丰富了空间的层次，也给人带来丰富的视觉感受。莫里斯非常重视纺织品的质量和工艺，倡导使用传统的手工编织技术，反对低质量的机械化生产。在材料选择上，莫里斯偏爱天然纤维，如棉、羊毛和丝绸，这些材料不仅环保，而且质地优良，手感舒适，确保了产品的耐用性和美观性。

莫里斯还设计了一系列家具，这些家具上常常覆盖着莫里斯纹样。这些家具设计与莫里斯纹样风格相结合，为家居环境创造了一种温馨、自然的氛围。一些现代家居品牌如宜家（IKEA），有时会推出饰有莫里斯纹样的系列产品。这些产品通常以莫里斯设计的经典纹样为灵感，结合现代设计理念，创造出适合当代家居风格的装饰品和家具。莫里斯纹样在现代时尚设计中也得到了应用。例如，华伦天奴2015春季秀（图10-13）的系列服装中使用莫里斯纹样，创造出既有历史感又符合现代审美的服装。

图 10-12　莫里斯纹样在纺织品上的运用

图 10-13　华伦天奴
2015 春季秀系列服装

第三节　工艺美术运动代表人物

一、查尔斯·沃赛

查尔斯·沃赛（Charles Voysey，1857—1941）是英国工艺美术运动中杰出的建筑师和纺织品设计师。他对室内装潢设计有浓厚的兴趣，这也促使他为墙纸、纺织品、陶瓷和金属制品设计了大量的图案。他在作品中追求线条的纯净，元素密集排布但又简单地表达了用意。

沃赛设计的建筑、家具和图案都有自己的风格特色。他将来自英国农舍花园的植物、小鸟、蝴蝶，以及大海里的鱼、海马等，通过流畅的重复排列，柔和的色彩搭配，组合成极具特色的自然图案。图10-14所示的《春之花》的画面呈现出一种清新、明朗的春天景象，画面中可以看到春天里盛开的各种鲜花，如郁金香、连翘、大葱花、牡丹花，还有花丛中的小鸟、鸣虫，春意尽收眼底。图10-15表现了猎人在大片花丛中捕猎小鹿的情形。

图 10-14 《春之花》

图 10-15 《坎伯兰郡》

二、沃尔特·克莱恩

沃尔特·克莱恩（Walter Crane，1845—1915）是英国插画家、设计师、艺术家，也是英国工艺美术运动的领军人物，创作了许多美轮美奂的经典纹样。他的作品风格受约翰·拉斯金、爱德华·伯恩·琼斯和威廉·莫里斯等工艺美术运动人物的影响，从英国哥特式风格中获取灵感，他的早期作品还深受日本版画的影响，在纹样中具有强烈的叙事性。

《杏花和燕子》（图 10-16）是沃尔特·克莱恩于 1878 年设计的作品，以杏花为对称轴，两只燕子分别在左右做回首相顾状，似在引吭高歌，别样的情怀跃然于观者面前。该作品曾在 1878 年巴黎国际展览会上展出，并获奖。《天鹅》（图 10-17）这幅作品中，菖蒲和鸢尾花丛的背景下映衬了两只线条优美、奔向对方的天鹅，给人以极大的联想空间。

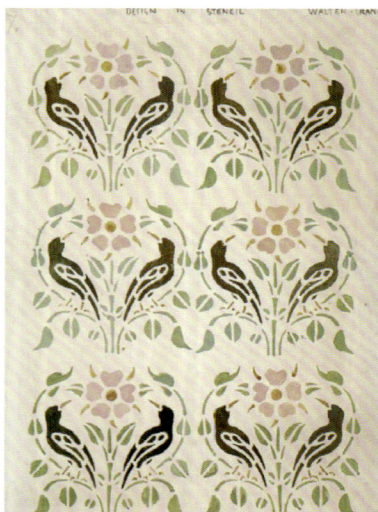

图 10-16 《杏花和燕子》

图 10-17 《天鹅》

三、林赛·菲利普·巴特菲尔德

林赛·菲利普·巴特菲尔德（Lindsay Phillip Butterfield，1869—1948）是英国最杰出的图案设计师之一，曾于1889~1891年在伦敦南肯辛顿国家艺术培训学院接受培训。在那里，他研究了植物的基本几何学。

作为一个热爱园艺的人，巴特菲尔德对植物了如指掌，他的纹样设计也基于植物的形式，善于表现植物形态的细节（图10-18），其风格特征明显受到莫里斯与沃赛等工艺美术运动大家的影响。

图 10-18 巴特菲尔德作品

四、约翰·亨利·迪尔

约翰·亨利·迪尔（John Henry Dearle，1860—1932）是英国著名的纺织品、彩色玻璃设计师。曾与英国工艺美术运动领军人物莫里斯一起工作，成为莫里斯的挂毯工艺学徒。1890年，迪尔凭借艺术天赋与努力成为莫里斯公司的首席纺织品设计师，并在1896年莫里斯去世后担任整个公司的艺术总监。

迪尔早期的纺织品设计隐约受莫里斯风格的影响，后期作品受到波斯与土耳其艺术的影响。像奥斯曼帝国时期的郁金香装饰花纹与伊斯兰元素在他的作品中频繁出现（图10-19）。他的设计创造了一种新的视觉语言，尤其是壁纸设计，充分展现出植物的千姿百态、姹紫嫣红（图10-20）。

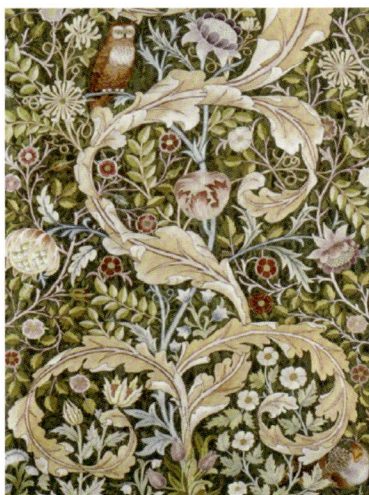

图 10-19 《猫头鹰》　　　　图 10-20 迪尔作品

五、刘易斯·福尔曼·戴伊

刘易斯·福尔曼·戴伊（Lewis Foreman Day，1845—1910）是英国装饰艺术家、工业设计师，英国工艺美术运动的重要人物之一。1870年，他开始做自己的事业，随后设计了一系列家居用品，包括纺织品和壁纸（图10-21）。1881年，戴伊成为兰开夏（Lancashire）一家重要纺织品公司特纳布尔与斯托克代尔（Turnbul & Stockdale）的艺术总监，这个身份使他的设计得到更广泛的传播。

戴伊也是一位有影响力的教育家，其在皇家艺术学院（RCA）任教过一段时间，在设计和图案方面出版了大量著作。

图 10-21 戴伊作品

六、阿兰·弗朗西斯·维格

阿兰·弗朗西斯·维格（Allan Francis Vigers，1858—1921）是英国建筑师，也是英国工艺美术运动中的重要艺术家。他的职业生涯从建筑开始，但真正让大众瞩目的是他设计的纺织品、家具和墙纸图案。

维格在图案设计方面具有独特的个性特征。他设计的图案以典型的英国花园为特色，多为英国花园特有的野生花卉，如耧斗菜、玫瑰、三色堇、矢车菊、薰衣草等。在表现手法上，他擅长运用由大量的小花组成的复杂花卉图案，像珠宝一样镶嵌在白色或深蓝色的背景上。这种繁复的花卉以简单而准确的描绘和高度理性或有意识的艺术化形式进行排列（图10-22）。

图 10-22　维格作品

第十一章　新艺术运动时期的纺织品纹样

第一节　新艺术运动概述

新艺术运动（Art Nouveau）是 19 世纪末至 20 世纪初在欧洲和美国产生并发展的一次影响范围相当大的装饰艺术运动，是涉及建筑、家具、产品、首饰、服装、插画，甚至雕塑和绘画领域的设计运动，也是设计领域一次非常重要、具有相当影响力的形式主义运动。

19 世纪末，工业革命的机械化生产导致产品整齐划一、毫无个性，为了反对和反抗这种窒息艺术的枷锁，人们开始了对新的"美"的标准的探索。新艺术运动在此背景下应运而生。它与英国的工艺美术运动相似，都是反对工业化风格和繁复的维多利亚风格，旨在重新唤起人们对传统手工艺的重视和热爱，主张从自然、东方艺术中吸收创作的营养，特别是发展以植物和动物纹样为中心的装饰纹样。

新艺术运动放弃了传统装饰风格，完全走向自然风格，强调自然中不存在直线和完全的平面，在装饰上突出表现曲线、有机形态，装饰的动机基本来源于自然形态。

第二节　新艺术纺织品纹样的特点

一、曲线造型

不论主题是花朵还是动物，那种流动的、优美华丽的、曲线的美学样式，是凝聚了日本浮世绘、古希腊克里特文明的涡卷纹、凯尔特人的编带纹以及阿拉伯纹样等精华而形成的。

二、花草主题

新艺术纺织品纹样的确可以说是以花草为题材的艺术。新艺术作家笔下的世纪末艺术之花，盛开在文学、艺术、美术、工艺美术等诸多领域。法国玻璃工艺家埃米尔·盖勒设计制作的玻璃器皿（图 11-1），据说由于器皿本身就是一件"花的精髓"，与盛花器皿本身的"美"相比，真花也感到羞愧而不能生长开花。亚瑟·西尔弗和沃赛的纺织品花样设计，表现了异国花卉伸展自如、婉转曲折的盛开景象。新艺术运动时期的象征派作家莫里斯·梅特林克的作品《蓝鸟》，描绘了契尔和米契尔悄悄溜出黑暗的森林，眼前豁然出现一片花海的情景，这种幻想之花、梦境之花，就是新艺术作家所追寻的花。印象派代表画家克劳德·莫奈的《睡莲》，体现了当时的艺术家对东方的无限憧憬。新艺术作家的作品几乎都反映了对东方艺术的神往。这种幻想中的花朵，茎蔓舒展，最后幻化成奇怪的动物或幻想中的鸟禽。例如莫里斯的弟子沃尔达·克莱恩的作品《花的喜宴》插图中，百合花逐渐变化成美女，这些描绘花卉、美女的插图，使人百看不厌（图 11-2）。

图 11-1　埃米尔·盖勒设计制作的玻璃器皿

图 11-2　《花的喜宴-花朵游行》插图 1

三、奇怪、幻想的动物形象

在新艺术纺织品纹样作品中出现了许多奇怪、幻想、华美的鸟禽、爬虫和昆虫等动物形象。詹姆斯·惠斯勒绘制的《孔雀》壁饰给新艺术作家以极大的影响。奥博利·比亚兹莱的插图《莎乐美》中的孔雀、查尔斯·沃赛的纺织品纹样中游弋的蛇、勒内·拉里克设计的宝石首饰镶嵌的水蛇、古斯塔夫·克里姆特的《水蛇》、埃米尔·盖勒设计的玻璃作品中的蜻蜓和飞蛾等，都属于怪异题材。

各种奇形怪状、神秘莫测的动物对新艺术作家产生了无限的吸引力，孔雀、龙、蜘蛛、蝙蝠、章鱼、龟等这些奇特而神秘的动物构成了新艺术的世界。非怪异的动物只有天鹅，成为新艺术作家特别钟爱的动物。德国新艺术作家奥特·艾克曼设计过许多关于天鹅的作品，美国的路易斯·康福特·蒂芙尼设计的玻璃器皿也采用过天鹅元素。曲线长颈的白天鹅这一优美形象，与其他怪异的禽兽虽然不同，但也是新艺术作家喜爱的题材，表现白天鹅成为新艺术流派的特色。

四、东方风格的启发

事实上，新艺术是从东方美术中受到启发的，甚至可以说没有日本的浮世绘，就不可能谈论新艺术。当我们观看葛饰北斋《富岳三十六景》中的《神奈川冲浪里》，感受到狂涛翻滚构图之大胆，就能理解为什么多数新艺术流派的艺术家常以波浪、流水作为画面主题了。比利时建筑家凡·威尔德为象征派诗人马克斯·埃尔斯康的诗集创作的扉页插图，就是明显受日本浮世绘影响的作品。

第三节　新艺术运动代表艺术家与作品

一、阿尔丰斯·穆夏

　　阿尔丰斯·穆夏（1860—1939）于 1860 年 7 月 24 日出生在捷克的伊万契采小镇。25 岁时前往维也纳接受正式的艺术教育，并在维也纳从事舞台装饰工作。之后，他在慕尼黑和巴黎继续他的艺术学习，特别是在巴黎，穆夏受到了包括古斯塔夫·莫罗在内的许多著名艺术家的影响。1887 年，穆夏来到巴黎朱利安学院就读，这是他艺术生涯的一个转折点。他最初以插画和广告工作为生，这一时期的作品已经开始展现出他后来标志性的风格。1894 年，穆夏的命运因一次偶然的机会而发生转变。他接受了为著名演员萨拉·伯恩哈特设计剧院海报的任务，这幅海报的发布迅速使他成为巴黎最受欢迎的艺术家之一（图 11-3）。之后，他与伯恩哈特签订了为期六年的合同，为其设计海报、舞台装饰和服装。

　　穆夏的艺术风格和新艺术运动紧密相连。他的作品以优美的线条、和谐的色彩和浪漫的主题而闻名，成为新艺术运动的典型代表。除了海报外，穆夏的艺术创作还包括绘画、珠宝设计、装饰纹样和戏剧布景等。

图 11-3 《吉丝蒙达》

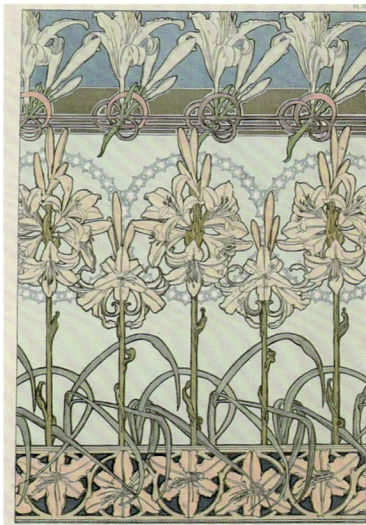

二、穆夏图案的特点

1. 曲线与流动性

　　穆夏的艺术作品最显著的特点之一是其对曲线和流动性的运用。这些曲线通常在他的画作中形成一种动态的节奏，营造出一种既自然又优雅的视觉效果。

　　穆夏的曲线设计灵感主要来自自然界，尤其是植物和花卉的生长形态。他的作品中的曲线在流畅的构图中体现出优雅之感，这种设计手法使得观者的目光可以自然地在画面上流动，从而引导观者深入观察作品（图 11-4、图 11-5）。

　　这种流动性不仅体现在曲线的设计上，还体现在作品的整体布局上。穆夏善于运用曲线将画面的不同元素连接起来，如人物的衣裙、头发，以及背景中的装饰性图案。这些元素的有机结合，

图 11-4 穆夏设计的花卉图案 1

图 11-5 穆夏设计的花卉图案 2

形成了一种视觉上的流动感，增强了作品的整体感和动态美。

2. 女性形象与象征主义

　　女性形象是穆夏作品的一个核心元素，这些女性形象通常被描绘得非常美丽、神秘而充满象征意义，从服饰到发饰都显示出极高的艺术水准。她们的姿态优雅，表情恬静，具有一种超凡脱俗的美，给人一种梦幻般的感觉。

　　穆夏设计的女性形象不仅仅是美的展示，更是一种象征主义的表达。这些形象往往代表了某种理想、情感或者是自然界的某个方面。例如，《四时》系列（图11-6）中，每一幅作品中的女性形象都代表了一个季节，通过其服饰、姿态和背景中的自然元素来表达季节的特点和气氛。《花丛中的萨拉·伯恩哈特》（图11-7）是新艺术印花图案中最具特色的作品，以含蓄神秘的色彩、弯曲流畅的曲线、细腻恰当的装饰为特点，每一笔都源自葡萄藤似的自然形态，表现女性的魅力。

图 11-6　《四时》系列

图 11-7　《花丛中萨拉·伯恩哈特》

3. 色彩运用与装饰性

穆夏在色彩的运用上非常独到。他偏好柔和、温暖的色彩，如金色、淡黄色、橙色和淡绿色等（图11-8）。这些色彩的搭配不仅使画面显得温暖而舒适，还营造出一种梦幻般的氛围。他对色彩的敏感和巧妙运用，使得他的作品具有很高的识别度。

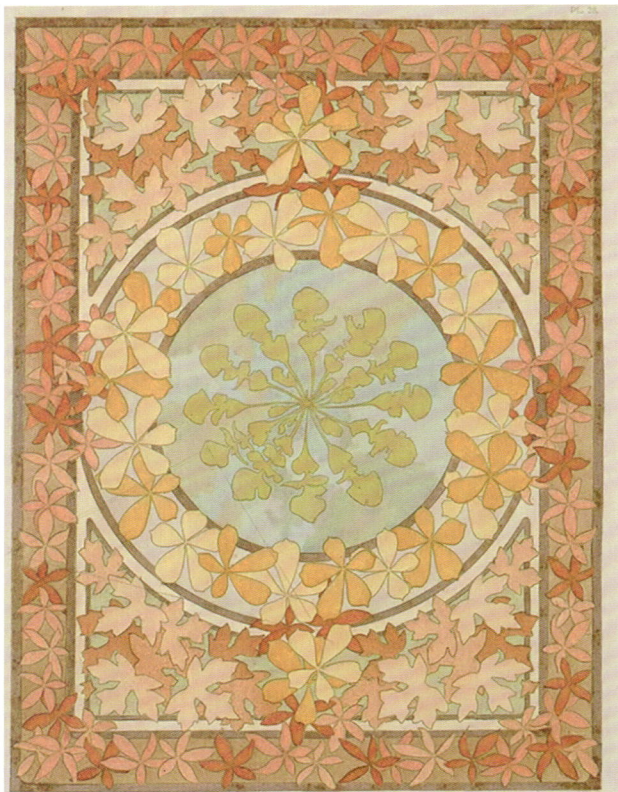

图 11-8 穆夏装饰图案作品

穆夏的作品强调装饰性，这一点在他的海报和广告作品中表现得尤为明显。他善于运用各种装饰性纹样，如花卉、植物藤蔓、几何图形等，以及优雅的曲线，对自然元素的运用以及独特的色彩搭配，使这些纹样不仅起到装饰作用，更与画面中的主要元素（如人物）相融合，增强了作品的整体美感。他的这种装饰性设计，不仅在视觉上吸引人，更在艺术上具有创新性。

三、阿瑟·海盖特·麦克默多

阿瑟·海盖特·麦克默多（Arthur Heygate Mackmurdo，1851—1942）是英国杰出的建筑师和设计师，是英国新艺术运动的先驱。1883年，他为《雷思的城市教会》设计的扉页图案（图11-9），被世人称为新艺术样式最早的作品。

麦克默莫多和莫里斯一样受拉斯金影响，曾致力于建筑设计。1882年，他和朋友赫伯特·珀西·霍恩一起成立了世纪行会（Century Guild），定期出版行会杂志《木马》，并亲自为《木马》提供设计。他设计的扉页和印刷排版，均用新艺术样式的流畅曲线来表现。

图 11-9 《雷思的城市教会》
扉页图案

1884年，麦克默多为他的世纪行会设计了一些印染图案。麦克默多的作品不可否认是受到莫里斯影响，但与莫里斯的作品相比更为质朴、单纯，并且洋溢着一种流动的韵律感，明快而简洁。麦克默多设计的《单瓣花朵》（图11-10）、《孔雀》（图11-11）等，被公认为是新艺术样式的先驱作品。这些作品上纹样的方向不同，相互穿插、交错，以不同的间隔左右反复循环，上下按一定的节奏，或上或下，好像都在按某个方向流动，体现出新艺术运动的基本格调（图11-12）。

图 11-10　《单瓣花朵》　　　　图 11-11　《孔雀》　　　　图 11-12　麦克默多作品

四、沃尔特·克莱恩

沃尔特·克莱恩（Walter Crane，1845—1915），师从莫里斯，是英国工艺美术运动的倡导者，也是新艺术运动初期占有重要地位的设计师。他曾担任过曼彻斯特美术学校设计部部长、皇家美术学校校长，还曾担任过由路易斯·戴伊等艺术家、技师组成的艺术工作者行会、工艺美术展览协会的会长，致力于保护和发展手工艺。

克莱恩有句名言：所有艺术的真正根源都来自手工艺。这也如实地反映了他的艺术哲学。他还说过："让艺术家当手艺人，让手艺人当艺术家。"克莱恩十分重视对手工艺人的培养和教育。

克莱恩不仅是一位画家，还是一位著名的插画师，从事儿童读物插图、室内装饰、壁纸及纺织图案设计（图11-13）。克莱恩的图书插图非常明显地受东方艺术的影响，尤其是受日本浮世绘的影响。在装饰图案设计上，还受拉斐尔、莫里斯的影响，他设计的植物纹样多是极其弯曲的、非对称的，在弯曲的结尾处又突然往后翘起（图11-14）。他为《伊索寓言》（图11-15）、《莎士比亚的花园》绘制插画，代表作品是1888年绘制的《花的喜宴—花朵游行》（图11-16），描绘了花神弗洛拉唤醒花园里所有的花朵，大家集合组织了一场盛大的春节游行仪式。

图 11-13 克莱恩作品

图 11-14 《萱草》

图 11-15 《伊索寓言》插画

图 11-16 《花的喜宴—花朵游行》插画 2

五、亚瑟·西尔弗

亚瑟·西尔弗（Arthur Silver，1853—1896）是新艺术运动著名的设计师。西尔弗最早跟随 H. W. 柏特利学习染织设计，后独自建立西尔弗工作室，19 世纪 90 年代与里巴特商会签订合同，为里巴特商会设计了许多新艺术风格的作品。特别是 1887 年设计的《孔雀羽毛》（图 11-17），以孔雀尾作为图案主题，创作了典型新艺术风格的著名作品。这件作品自开始销售以来，100 多年来一直是里巴特商会畅销的印花纹样，享有极高声誉。1895 年他设计的二重组织织物和锦缎的纹样，描绘了在风中摇曳的植物花朵、草蔓，恰当地反映出新艺术运动的动感特征。

六、埃米尔·盖勒

埃米尔·盖勒（Emile Gelle，1846—1904）出生于法国一个富裕的手工业者家庭，很早就开始了对新艺术风格家具设计的探索。同时，他也是 19 世纪末 20 世纪初的先锋玻璃制造商之一，开创了法国玻璃工艺新的纪元，并在 1901 年成立了新艺术运动中著名的南锡派。

在装饰图案方面，他的设计风格受到日本浮世绘的影响，大量采用东方异国情调的植物，如菖蒲、蓟草、常春藤、番红花、鸢尾花、绣球、埃及莲等丰富多彩的花卉形象，并采用自然的曲线结构，凄婉地表现了花卉短暂的生命及由此而生的怜惜情感，作品十分打动人心，具有明显的新艺术风格。这种审美的表达恰当地再现了日本美术的自然感和象征意义（图 11-18）。

此外，埃米尔·阿兰·赛吉（E.A.Seguy）也是法国新艺术运动代表性的图案设计师，曾与格拉斯特一起编辑出版了新艺术运动时期代表性的花卉图案选集《花卉和装饰纹样》，他的作品将各种植物、动物描绘得栩栩如生，精美真实（图 11-19）。

图 11-17　《孔雀羽毛》

图 11-18　盖勒设计的花瓶

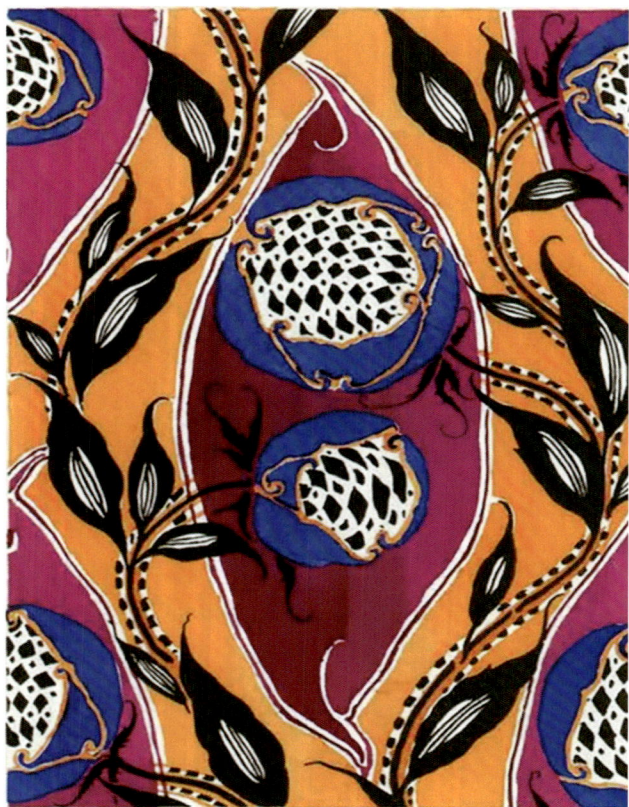

图 11-19　赛吉的作品

第十二章　装饰艺术风格的纺织品纹样

第一节　装饰艺术运动

一、装饰艺术运动简介

装饰艺术（Art Deco）运动是20世纪20~30年代在法国、美国和英国等国家开展的一次风格非常特殊的设计运动。"装饰艺术"一词源自1925年巴黎举办的装饰艺术展览，这个展览旨在展示一种新艺术运动之后的建筑和装饰风格。

从思想和意识形态方面来看，装饰艺术运动是对矫饰的新艺术运动的一种反叛，它反对古典主义、自然的、单纯手工艺的趋向，主张机械化的美。因而，装饰艺术风格具有更加积极的时代意义。在时间上，装饰艺术运动与欧洲的现代主义运动几乎同时发生与发展，因此，受到了现代主义运动很大的影响，无论是从材料的使用上，还是从设计的形式上，都可以明显看到这种影响的痕迹。

二、装饰艺术运动风格的源泉

1. 古埃及等装饰风格的借鉴

装饰艺术运动从古埃及、美洲、非洲等的装饰中汲取灵感。1922年，英国考古学家豪瓦特·卡特在埃及发现了图坦卡蒙的墓，大量的出土文物向人们展示了一个绚丽的古典艺术世界，震动了欧洲的新晋设计师。那些3300年前的黄金面具，只具有简单的几何图形，却能达到高度装饰的效果，在欧洲掀起了一股模仿埃及艺术的热潮。在首饰、戒指等装饰品方面，流行埃及克娄巴特拉女皇风格的耳环、耳饰，甚至流行黄金装束的打扮。

2. 非洲、美洲等装饰风格的影响

20世纪以来，非洲和南美洲的原始部落艺术对欧洲的前卫艺术产生巨大影响，画家巴勃罗·毕加索和乔治·布拉克接触了非洲的雕刻和面具艺术，从而抓住创造立体主义绘画的契机。除了非洲象征性和夸张的木雕图腾纹样外，在装饰艺术风格作品中还可以看到其受墨西哥、秘鲁、巴西美术的影响。特别是阿兹特克寺庙的阶梯形状以及埃及的金字塔形象对装饰艺术家影响极大。他们将收音机、女用写字台、金属扣子的外形设计成阿兹特克寺庙的阶梯形状，伦敦理想公司大楼的正面装饰也使用了阶梯形元素。

此外，象征美国文化的电影、汽车和爵士音乐在欧洲广泛传播，使欧洲文化形态发生了根本变化，装饰艺术风格的图案也吸收和融合了这些视觉和听觉元素。

装饰艺术风格的整体发展，就是从异国情调向几何化和单纯化的演变。色彩方面，新艺术运动向有

节制的装饰和纯色彩方向转变，而后随着机械美学的发展，装饰艺术风格变得更加闪闪发光和生动活泼（图 12-1、图 12-2）。

图 12-1　装饰艺术风格的插画

图 12-2　装饰艺术风格的建筑装饰

第二节　装饰艺术风格图案的特点

一、涡卷纹样的主体结构

　　装饰艺术从凯尔特、阿拉伯等民族艺术中继承了涡卷纹和各种圆形、半圆形纹样的精华，由此也成就了 20 世纪 20~30 年代装饰艺术风格最具象征性的题材特征，并广泛用于印花纹样、玻璃器皿、广告、书籍装帧、陶瓷、金属工艺、家具等装饰中。

二、玫瑰花与汽车图案的应用

　　玫瑰花是装饰艺术印花图案设计中不可缺少的表现主题，大概是由于玫瑰花易于按立体主义构思来处理花型结构。玫瑰花由层层花瓣构成，在形态变化方面较容易（图 12-3）。

　　1886 年，汽车被发明出来，很快就成为重要的交通工具。20 世纪初期，汽车被不少前卫人士视为未来的象征，速度感即时代感。特别是第一次世界大战之后，汽车元素非常流行，常常被当作设计主题或主要元素（图 12-4）。作为 20 世纪工业文明的新象征，汽车元素也是装饰艺术设计师喜欢采用的元素，在形式上和思想上都具有重要的启迪作用。

图 12-3　饰有玫瑰花图案的家具　　　　图 12-4　装饰艺术运动时期的海报

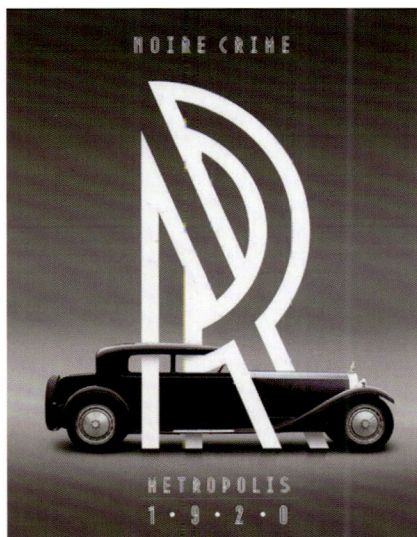

三、异域几何图形的应用

　　与大工业生产联系比较密切、具有强烈时代特征的简单几何图形成为 20 世纪 20 年代的设计师热衷研究的元素。在立体派影响下，这些三角形、圆形、正方形或同心圆纹样有时单独使用，有时以不同形态反复循环、重合、组合（图 12-5）。在装饰艺术的纹样中，常用的几何纹样有闪电形、棋盘形、楼梯形、金字塔锯齿形、三角形、四边形、钻石形以及多边形。这些几何纹样多来自古埃及文化、中美洲和南美洲的古代印第安文化。特别是金字塔锯齿纹，可以说是最具备装饰风格的典型纹样，以更加精练的形式存在和发展。

图 12-5　装饰艺术风格的几何纹样

四、独特的色彩应用

装饰艺术具有鲜明强烈的色彩特征，与讲究典雅风格的艺术大相径庭。主要以原色和金属色彩为主，包括鲜红色、鲜黄色、鲜蓝色、橘红色和金属色系（如金色、银色）。

第三节　装饰艺术运动代表设计师

一、索尼娅·德劳内

索尼娅·德劳内是一位在装饰艺术设计方面有独特造诣的艺术家。第一次世界大战期间，滞留于马德里的索尼娅开始进入时装及织物纹样设计领域。创作了以西班牙贵族为对象的典雅服装，获得了成功。1922年，她与丈夫罗伯特·德劳内一起开始探索绘画方面的设计，创作几何线条或几何形构图的绘画，作品的色彩鲜艳而调和，是崭新的绘画创作，并把这些绘画作品转译到了织物设计中。

索尼娅·德劳内从1922年到第一次世界大战前创作了几千幅作品，在那个时代具有革命性的意义。这些作品基本上属于方块、格子、条纹等几何图形，完全不是像杜飞纹样那样的花型或人物形象。如图12-6所示的作品《电棱镜》、图12-7的《分割节律》等，都是一些由竖条纹、斜条纹、三角形、四边形、圆形等构成的几何纹样。她把色彩当作抒发情感、创造视觉效果的重要因素，借由色彩的对比、交错以及渐次变化营造出动态和光影的效果。她的作品往往采用鲜亮的纯色以及分割成块状的色彩，塑造出强烈的视觉冲击。

图12-6　《电棱镜》

图12-7　《分割节律》

索尼娅·德劳内的设计对当今服饰设计有着极大的影响，经常被用于时尚设计中（图12-8）。此外，1913年，她初次创作了共生型服装，也被称为"俄耳甫斯立体主义"服装。1924年，她受桑德乌尼老纺织商人委托制作了共生型服装，并将其作为自己的绘画作品出版发行。里昂染织美术馆的米歇尔·迪斯莱尔曾对索尼娅·德劳内做如下评价：索尼娅·德劳内在1920~1931年间从事织物纹样设计工作，对色彩具有先天的敏锐感，被认为是伟大的色彩画家。她的某些印花设计曾参加过1925年的大型博览会，这些完全创新的设计，在当时并未获得成功。因为这种纹样设计和当时法国的装饰艺术风格大相径庭，莫要说与德国包豪斯的艺术运动相近。索尼娅与包豪斯和达达派艺术家一直保持友谊。她在艺术创作的某个阶段，曾从事织物设计，将织物艺术推上完全现代的道路。

图 12-8　2022某品牌秋季成衣系列

二、米歇尔·杜波斯特

米歇尔·杜波斯特（Michel Dupont）也是装饰艺术运动的纺织品纹样设计师，一生都从事染织纹样设计。1917 年担任皇家设计学校的教育负责人，从事学校教育改革。1922 年被里昂纺织商人弗朗索瓦·杜夏尔聘为主任设计师。在培养优秀年轻设计师的同时，创作了大量优秀的纹样设计作品。

杜波斯特创作的图案洋溢着西方古典格调和日式的情感，充满装饰气息，简洁而大胆。方巾四周用雷纹和橄榄叶纹装饰，中间配置一串串葡萄、葡萄枝叶、花朵、酒杯和牧笛，表现了对酒神巴克斯的赞美，充分展示出古典之美。整个构图及油画似的花卉表现方法，使其纹样、色彩都具有一种日本风味。杜波斯特的作品题材广泛，格调高雅，能使人感受到装饰的力量（图 12-9、图 12-10）。

图 12-9　《葡萄的收获》

图 12-10　《昼与夜》

三、贡塔·斯多兹

　　贡塔·斯多兹（Gunta Stolzl）1897 年生于慕尼黑，1919 年在魏玛包豪斯学院学习，毕业后到编织工厂从事纹样设计和挂毯编织设计工作。她于 1927~1928 年制作的挂毯（图 12-11），是一件极为典型的装饰艺术风格的代表作，受到极高的评价。该作品为亚麻和木棉材质的，将四边形、三角形、阶梯形等几何图形相互交错以及反复排列，组成优美而富有变化的抽象几何图案。选用红色、白色、黑色、黄色等鲜艳的颜色，具有独特的韵律与节奏。1927~1931 年，她返回母校包豪斯学院执教，后辞去职务，专门从事织物设计工作。

图 12-11　贡塔·斯多兹作品

第十三章 现代主义风格的纺织品纹样

第一节 杜飞纹样

一、杜飞纹样简介

劳尔·杜飞是20世纪法国野兽派艺术家（图13-1），他在野兽派情调和绘画风格的基础上设计的纺织品纹样，被称为杜飞设计（Dufy Design）或杜飞样式（Dufy Types），有时也被戏称为野兽派设计（Fauvism Design）。

杜飞纹样摒弃了传统纺织品纹样的写实风格，而是采用印象派与野兽派的写意手法，以夸张变形的花卉纹样为主（图13-2），涵盖了动植物和人物等元素，夸张变形的造型显得大胆简练，恣意挥洒的平涂色块和流畅飘逸的线条，使得纹样具有浓烈的装饰效果。这种设计语言突破了传统，展现了艺术家独特的审美和创造力。

图13-1 劳尔·杜飞（左）

杜飞纹样在20世纪20年代开始流行起来，主题以蔷薇花、百合花、玫瑰花等花卉为主，色彩鲜艳明丽，强调强烈的装饰性。杜飞将极具个人特色的绘画语言巧妙地融入纹样设计中，创造出柔和而具有装饰性的轮廓线，色彩独立于线条之外。这些特点使得杜飞纹样在当时具有鲜明的艺术风格，为装饰艺术领域注入了新的生机和创意，并在50~80年代一度成为时装界最流行的纹样。

图13-2 劳尔·杜飞的绘画作品

二、杜飞纹样的特点

1. 随意的线条

　　杜飞纹样所展示的随意活泼的纹样造型不仅表现在线条的简洁概括和涂鸦式的表达上，更在于纹样本身的形式多样性。杜飞敢于突破传统的束缚，将绘画式的写意花卉纹样融入纺织品设计，使得每一个纹样都如同一幅独立的艺术画作，充满了艺术的个性和独创性。在他的设计中常常能够捕捉到生活中的细微之处，纹样的构成和形状传递出一种轻松、愉悦、充满活力的感觉（图13-3～图13-6）。

图13-3　劳尔·杜飞设计的印花纹样

图13-4　劳尔·杜飞设计的玻璃纱印花纹样

图13-5　劳尔·杜飞设计的人物纹样

图13-6　劳尔·杜飞设计的玫瑰花印花纹样

在图形设计语言上，杜飞纹样运用了流动而有韵律感的线条，通过对形状的简化和提炼，将花卉和其他元素呈现得既抽象又具有表现力（图13-7、图13-8）。这种自由而活泼的艺术风格，使得观者在欣赏纹样时能够感受到一种艺术的释放感和创新的冲击力。总体而言，杜飞纹样在活泼造型方面的独特性既表现在线条的自由流畅，又表现在纹样的形式多样和对细节的关注。这种创作风格的突破，使得杜飞的纹样超越了传统的装饰性范畴，更成为艺术创作中的一种突破性表达，为后来的设计师提供了丰富的灵感和启示。

图13-7 印花布《收获》

图13-8 印花布《水果》

2. 绚烂明亮的色彩

色彩的魔法在杜飞纹样中得以绚烂展现，其独特的设计为纺织品领域带来了一场革命性的艺术浪潮。杜飞纹样采用野兽派风格的鲜亮色彩，挑战传统的色彩观念。其色彩特征不仅在于运用鲜艳而明亮的色彩，更在于巧妙地使用原色对比，通过自由而活泼的笔触创造出令人陶醉而轻松愉快的画面。

在色彩的表现形式上，杜飞纹样受到野兽派的启发，以鲜艳的色彩进行调和，并对颜色关系进行精妙的概括、提炼和归类。这一过程旨在突出主体形象，使得色彩在纹样中有更深层次的表达。通过对色彩进行简单化设计，杜飞纹样不仅巧妙地营造了情感氛围，还在提炼色彩的过程中赋予其更为生动、自然的艺术形式语言，最终呈现出鲜艳而明亮的色彩感觉，使观者在欣赏纹样时沉浸在一种光彩夺目的艺术体验之中。这种独特的色彩处理方式，使得杜飞纹样不仅是简单的装饰，更具有一种引人注目的艺术之美，为纺织品的艺术性赋予了新的高度。

3. 自由生动的布局

杜飞纹样的第三个显著特征在于其自由而生动的布局形式。他以极具个人特色的绘画语言将蔷薇花、百合花、玫瑰花等花卉运用到图案设计中，创造出了独特的装饰效果。

杜飞纹样通常以四方连续纹样为主，散点式排列居多，但布局得当，既均匀又灵活。这种自由的布局形式为纹样之间的穿插创造了自然而流畅的组织结构，充分展现了变化、对比和平衡等形式法则。杜飞通过绘画式的表现方式，使每个花型在方向、姿态和色彩上都呈现出独特的变化，再加上组合的疏密处理，使整体纹样显得生动、自由灵活，完美地体现了杜飞纹样的核心思想，即能够随心所欲地体现艺术效果（图13-9）。

图 13-9　纺织品面料中的杜飞纹样

总体而言，杜飞纹样的自由布局形式不仅体现在纹样的整体结构上，更通过各个元素之间的巧妙组合和变化，为观者呈现一场艺术的饕餮盛宴，使其成为装饰艺术领域中独具魅力的佳作。

三、杜飞纹样的应用

劳尔·杜飞与法国设计师保罗·波烈的相识构建了一条紧密联系艺术与纺织品的纽带。这个相遇成为一段艺术历程，波烈设计的服装中融入了杜飞设计的印花纹样，杜飞则在波烈设计的服装的启发下深入纺织品设计领域。这种相互启发的关系推动了两人在设计领域的创新和探索。

值得一提的是杜飞的设计作品深刻地融入了中国近代旗袍的时尚风潮，其中月份牌广告上的旗袍图像和传世旗袍织物更是反映了杜飞纹样对中国近代面料设计的影响。这种纹样轻盈自如、奔放飞扬以及浪漫脱俗的特点，与中国近代旗袍的流行风尚产生了紧密的交融。

在月份牌广告上的旗袍图像中，我们可以清晰地感受到杜飞纹样的独特之处（图13-10）。这些纹样通过精妙的组合和布局，为旗袍注入了一种艺术感和个性。而在传世旗袍织物上，杜飞纹样更是以其奇妙的创意与丰富的色彩，为旗袍设计增添了一层独特的艺术层次。这种巧妙的结合不仅体现了杜飞在纺织品设计中的独创性，也为中国传统旗袍注入了新的生机与时尚元素（图13-11）。

图 13-10　月份牌广告中表现杜飞风格的旗袍

图 13-11　杜飞纹样在纺织品中的应用

第二节　波普风格图案

一、波普风格简介

　　波普艺术（Pop Art）是一种主要源于商业美术形式的艺术风格，于 20 世纪 50 年代初期萌发于英国，后传至美国。其特点是以视觉图形拼贴组合为艺术表现形式，追求大众化、通俗化的趣味，反对现代主义自命不凡的清高，具有流行的、转瞬即逝的、易消耗的、廉价的、批量生产的、年轻的、风趣的、性感的、花哨的、充满魅力的特征。

波普艺术的诞生得益于第二次世界大战后西方各国在战后的恢复中出现的经济增长与繁荣，以及在此背景下，青年群体作为社会消费主力军对国际主义设计风格的不满，和对通俗的、大众流行文化元素的需求。波普艺术正是在这种通俗化的艺术观念基础上形成的，让不同背景的人都能享受艺术与生活交织融合所带来的轻松与愉悦。

20世纪50年代，以英国理查德·汉密尔顿（Richard Hamilton）的拼贴画《究竟是什么使今日家庭如此不同、如此吸引人？》为代表的作品，拉开了波普艺术登上世界艺术舞台的帷幕，他本人也被认为是波普艺术之父。该作品运用了从美国杂志中剪裁出来的男人、女人、食物、历史、报纸、电影院、汽车、太空、漫画、电视、电话等流行元素，通过拼贴的方式将它们组合在一起，反映了汉密尔顿对当时流行文化和现代技术的讽刺。60年代是波普艺术发展的高潮阶段，其特点体现在消费主义与艺术的合作，如安迪·沃霍尔（Andy Warhol）运用现代丝网印刷技术来复制消费品和名人的图像。他创作的《玛丽莲·梦露》（图13-12）和《坎贝尔汤罐》是这一阶段典型的波普艺术代表作品，集中体现了大规模生产和名人文化的概念。他直接把价格高昂的艺术家作品利用印刷技术进行出版，其低廉的价格被大众所接受，艺术品不再是天价，普通人也可以拥有艺术家的名画。1964年，迈娅·伊索拉为芬兰的时尚家居装潢公司玛莉美歌设计了作品《罂粟》（图13-13），其明亮的色彩、大尺寸重复印花及简约的图形是其设计的鲜明符号。《罂粟》一经面世便大获成功，成为波普时代象征着青春与乐观精神的标志性图案。90年代以后，波普艺术的发展范围已覆盖全球，成为大众所熟知的艺术风格，并涉及建筑设计、平面设计、家具设计、服装设计等多个方面。

图13-12　《玛丽莲·梦露》（安迪·沃霍尔）　　　　图13-13　《罂粟》（迈娅·伊索拉）

二、波普风格图案的特点

1. 大众化、通俗化及流行的题材

波普风格所要表现的是源自 20 世纪 50 年代末兴起于美国的摇滚乐、好莱坞电影等现代艺术形式，所以在波普风格的图案中充斥着现实生活中随处可见的事物和影像，从快餐品牌、各类明星到现代计算机通信技术等领域，都有波普风格图案的题材和设计元素，这些日常普通素材的使用打破了传统装饰对典雅、精致的追求，使纹样更贴近大众生活，为普通人所理解。

2. 夸张、鲜明、艳丽的色彩

采用艳丽的色彩使波普风格的图案具有色彩鲜明的特征，这些颜色通常饱和度高、对比度强。这样大胆夸张的色彩有助于突出纹样和图像的轮廓，从而产生强烈的视觉效果，也在一定程度上加强了纹样的波普风格特征。

3. 拼贴、重复、位移的表现手法

波普图案在表现手法上并没有严格的结构样式，所采用的题材元素之间也没有必然的联系，所以拼贴、重复、位移等便成为其最常用的表现手法。印花品中重复和位移是纹样表现中最为简洁的手法，拼贴则很好地适用于多种不同素材的组合，通过这些简单的表现手法，强调了大众文化中的标志性元素，并且营造了一种生动、多样的视觉效果，也从视觉上印证了波普风格图案所具有的年轻的、有刺激性的等特性。

三、波普风格图案的应用

1. 在时装设计中的应用

波普风格图案应用到时装设计中，引起了传统时装的变革，催生出独具特色、新颖的服装样式，使时装更接近于大众的生活，其受到普通阶层甚至是下层社会青年的追捧，加速了代表上层社会精英文化的高级时装的衰落。正如美国设计理论家维克多·巴巴纳克（Victor Papanet）在 20 世纪 60 年代末的著作《为真实世界的设计》（*Design for the Real World*）中所提出的设计的目的性一样，"设计应该为广大人民服务，而不是为少数富裕国家服务"。波普风格图案在高级时装设计中的体现确切地反映了这一点。

早期波普风格时装上的纹样主要运用经典的艺术家作品以及抽象纹样等，建立起艺术与大众生活之间的密切联系。最具有代表性的例子是伊夫·圣罗兰（Yves Saint Laurent）设计的蒙德里安连衣裙（图 13-14），它以皮特·蒙德里安（Piet Mondrian）绘画的几何格子为灵感来源，打破或重组蒙德里安的几何纹样，将绘画的几何构图应用到时装设计上，另外加入别的色彩元素，使之动态感十足，这也引起了时尚与艺术跨界设计的风潮。此外，安迪·沃霍尔创作的《金宝汤罐头》《玛丽莲·梦露》也被多次转印到纺织品上，并创作了标志性的金宝汤罐头连衣裙（图 13-15），使时装成为当代文化的反映以及艺术表达的载体。

图 13-14　蒙德里安连衣裙　　　　　　图 13-15　金宝汤罐头连衣裙

　　20 世纪 90 年代初，时装大师范思哲在其服装设计中再次将安迪·沃霍尔的作品《玛丽莲·梦露》作为面料图案，使用波普艺术中常见的艳丽色彩和拼贴复制的手法，并结合亮片钉珠工艺，重新掀起了波普风格图案的热潮。如图 13-16 所示的服装，裙身印花除了安迪·沃霍尔创作的梦露肖像外，还混合了 50 年代最伟大的男明星詹姆斯·迪恩（James Dean），并且将范思哲的标志和几何纹样组合起来，配以炫目的颜色，再一次让人们领略了波普艺术的魅力。

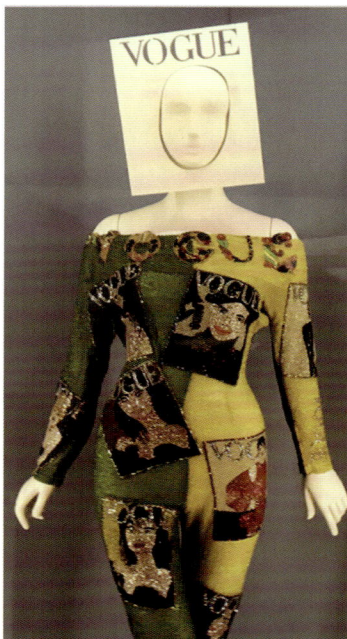

图 13-16　范思哲设计的服装（引自《乔万尼·范思哲》）

　　2001 年开始，波普风格的时装又重新回到 T 台，至 2003 年达到了鼎盛。各大著名服装品牌不约而同地重拾波普风格，纷纷推出充满波普意味的时装系列。经典的蒙德里安格子、玛丽莲·梦露头像仍是波音风格图案的典型，经久不衰（图13-17、图13-18）。此外，由此延伸出来的彩色条纹、几何色块、人像、夸张图案的拼贴等，一些看着不相关联的事物放在一起，通过与服装款式之间的巧妙结合，以及在拼贴中呈现出的错乱而和谐的形式美，再次诠释了波普风格幽默的意味。如图13-19所示的普拉达（PRADA）2014春夏时装上，波普风格的女性头像图案让时装变成宣扬女权的有力载体。图13-20所示的莫斯奇诺2020春夏套裙结合立体派风格，利用鲜艳的色彩、利落的线条来演绎波普风格的夸张、荒诞，好似行走的绘画艺术品，趣味十足。川久保玲在2024春夏时装中利用色块与人像拼贴的手法，展现了不同形式的衬衫纹样（图13-21）。

图13-17　圣罗兰2002高定时装

图13-18　迪赛2023秋冬时装

图13-19　普拉达2014春夏时装

图13-20　莫斯奇诺
2020春夏套裙

图13-21　川久保玲2024春夏时装

2. 在 T 恤上的应用

　　自 20 世纪 50 年代开始，T 恤作为一种大众化的服装形式，有的印有波普图案而被赋予多种文化内涵（图 13-22）。其既可以充当街头服饰中的先锋角色，也可以被中产阶级接纳，甚至进入奢侈品行列。T 恤上的波普风格图案主要有明星头像、标志、奢侈品图像、文化标语、涂鸦文字等生活中随处可见的流行文化和消费文化的符号。像玛丽莲·梦露、迈克尔·杰克逊、切·格瓦拉、香奈儿 5 号香水瓶子、理查德香烟盒，甚至卡通漫画等，都直接印到 T 恤上，形成了一道独特的风景，改变了服装纹样以往的特点，成为年轻人宣泄自我、表达感情的一种流行方式，并且其新奇的形式与性感的内容直白地表达了时尚的含义

图 13-22　波普风格图案的 T 恤

（图 13-23、图 13-24）。这类图案构成通常以一个突出、夸张的形式出现，运用拼贴、变形、夸张、重组等手法，使用鲜艳、大胆、夸张的色彩，创造了一种独具特色、张扬个性的服饰纹样，使得主体形象更加突显，表达的是一种内在的反抗，对自由的渴望和对传统束缚的反叛与挣脱。

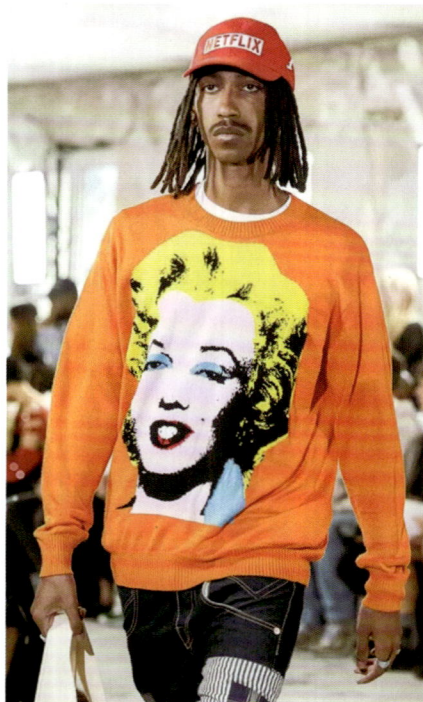

图 13-23　渡边淳弥 2023 春夏时装

图 13-24　渡边淳弥 2023 春夏毛衫

　　此外，波普风格的图案还广泛应用于各类服饰品以及家用纺织品中，艳丽的色彩、夸张的纹样展示了波普风格不变的迷人情怀，并为时尚人士所追随，反映了波普风格图案在服装上应用的可行性与其经久不衰的生命力。波普风格图案随着波普风潮的回归，不断地与时尚、流行碰撞，将波普风格图案演绎得更加丰富与生动。

第三节　迪斯科纹样

一、迪斯科纹样简介

迪斯科纹样是与迪斯科文化紧密联系的一种以体现音乐、夜生活和社会自由为时代标志的纺织品纹样（图13-25）。20世纪70年代，特别是在美国，迪斯科音乐由于其充满活力的节奏和独特的氛围而迅速流行，夜总会成为年轻人表达自我、寻求自由的场所，迪斯科纹样正是这一文化的视觉体现，深刻地反映了那个时代的社会背景和文化氛围。

迪斯科纹样的设计特征鲜明，纹样常包括几何形状、抽象图形和夸张的自然元素，倾向于大胆、抽象，甚至有些超现实，如花朵、星星和月亮等，充满了创造性和想象力（图13-26）。迪斯科纹样的应用体现了当时设计师对于色彩、材质和纹样的大胆尝试，通常采用鲜艳的色彩，不仅在视觉上具有强烈的冲击力，也反映了那个时代对奢华和炫目视觉效果的追求。在材料上，迪斯科纹样通常与光泽感强的材料结合，如亮片布、金属面料和闪光的合成材料等，这些材料增强了服装和室内装饰的反光特性，与迪斯科球和彩色灯光相结合，营造出一种超现实和梦幻的氛围。

迪斯科纹样不仅是一种时尚元素，也是社会变革的象征。它不仅标志着对性别规范和社会规则的挑战，反映了人们对自由、平等和自我表达的追求，更是以其独特的视觉风格成为那个时代不可磨灭的文化印记，成为一种经典的文化遗产。

图13-25　20世纪70年代风靡的迪斯科艺术

图13-26　具有超现实元素的迪斯科纹样服饰

二、迪斯科纹样的特点

1. 鲜艳且大胆的色彩运用

迪斯科纹样最显著的特征之一是其对鲜艳色彩的运用，反映了20世纪70年代人们对自由、狂欢和放纵的文化追求。迪斯科纹样的色彩选择通常非常大胆，包括金色、银色、霓虹色和其他闪亮的色调，这些鲜艳的色彩不仅在视觉上吸引人，也传递了一种乐观和前卫的时代精神（图13-27）。

图 13-27　迪斯科纹样对色彩的大胆运用

这种颜色的应用通常与夜生活场景中的灯光和迪斯科球相映衬，在服装、海报、室内装饰等多个领域中，创造出一种充满活力且具有强烈视觉冲击的效果，成为迪斯科文化的标志性特征，反映了那个时代人们对于自我表达和反传统的渴望。

2. 光泽材料与反光效果

迪斯科纹样的另一个关键特征是对光泽材料的广泛使用，这一点在当时的服装设计中表现得尤为明显。使用闪光和反光的材料，如亮片、金属面料和高光合成材料，不仅赋予了服装一种未来感，也增强了服装在灯光下的视觉效果。

光感材料的使用与迪斯科文化中的夜生活和狂欢场景完美契合。在灯光和迪斯科球的映衬下，这些光泽材料能够反射出炫目的光芒，营造出一种梦幻般的舞池氛围（图13-28）。除了服装外，这种材料也被广泛应用于夜总会的室内设计中，增强了空间的迷幻感和未来感。

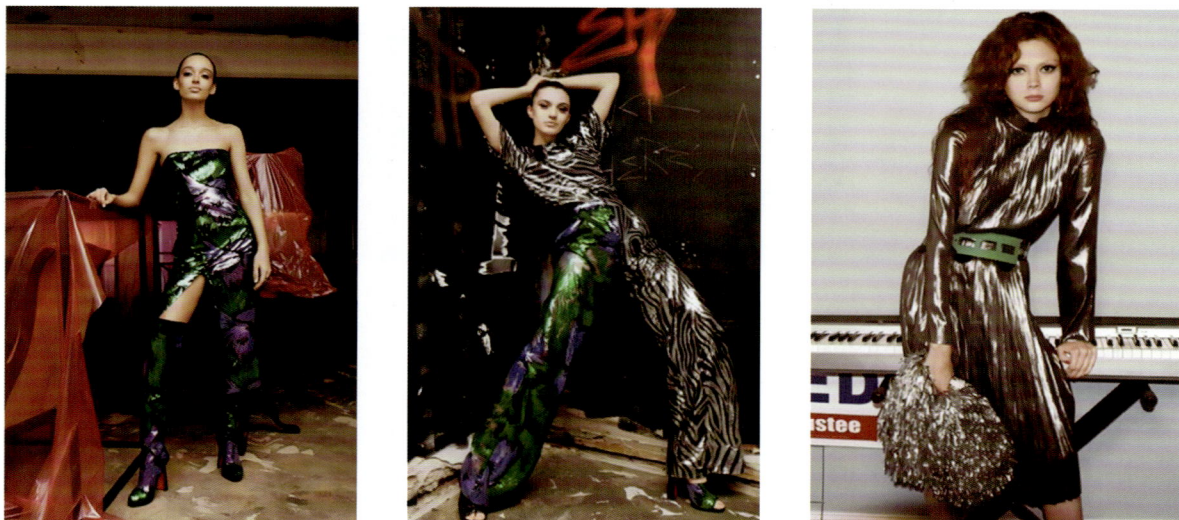

图 13-28　具有光泽感的服装

3. 大胆抽象的几何纹样

大胆抽象的几何纹样是迪斯科纹样的另一个显著特点（图13-29）。这些纹样包括各种几何形状、抽象图形以及夸张的自然元素（如花朵、星星和月亮），象征着当时社会对传统审美的挑战和对新事物的探索。迪斯科纹样往往是非常抽象或超现实的，反映了当时的艺术和设计趋向于表达自由和反传统的价值观。

图 13-29　抽象图案在服装上的运用

三、迪斯科纹样的应用

迪斯科纹样在时尚界的应用极为广泛，特别是在20世纪70~80年代。这些设计反映了那个时代人们对自由和个性表达的追求。

迪斯科时代的服装以夸张、色彩鲜艳和带有光泽等特点著称。典型的服饰包括亮片装、紧身裤、迷你裙、亮片夹克和高跟鞋。这些服饰不仅是夜生活的标志，也成为当时年轻人在日常生活中的时尚选择（图13-30）。例如，流行歌星葛罗莉亚·盖罗（Gloria Gaynor）和唐娜·莎曼（Donna Summer）经常穿着闪亮的迪斯科服饰进行表演，这些服饰成为她们的标志性形象。设计师迈克尔·郝普恩（Michael Halpern）设计的作品中也总是能看到很多五颜六色的、耀眼的亮片、流苏等设计元素（图13-31）。

图 13-30　迪斯科纹样在时尚设计中的应用

图 13-31　郝普恩设计的作品

迪斯科服饰的流行不仅限于夜总会，它还影响了主流时尚和日常装扮。这种风格具有较高的社会接受度，为后来的时尚趋势铺平了道路。

第四节　千鸟格图案

一、千鸟格图案简介

千鸟格图案又称为"千鸟格纹"，是一种经典且广为人知的两色对比图案，历史悠久且在时尚界持续流行（图13-32）。这种图案由交错的抽象四边形组成，通常以黑白两色最为经典，其特点是尖锐的角和不规则的形状，形似猎犬的牙齿，故又称"猎犬牙"（Houndstooth）。

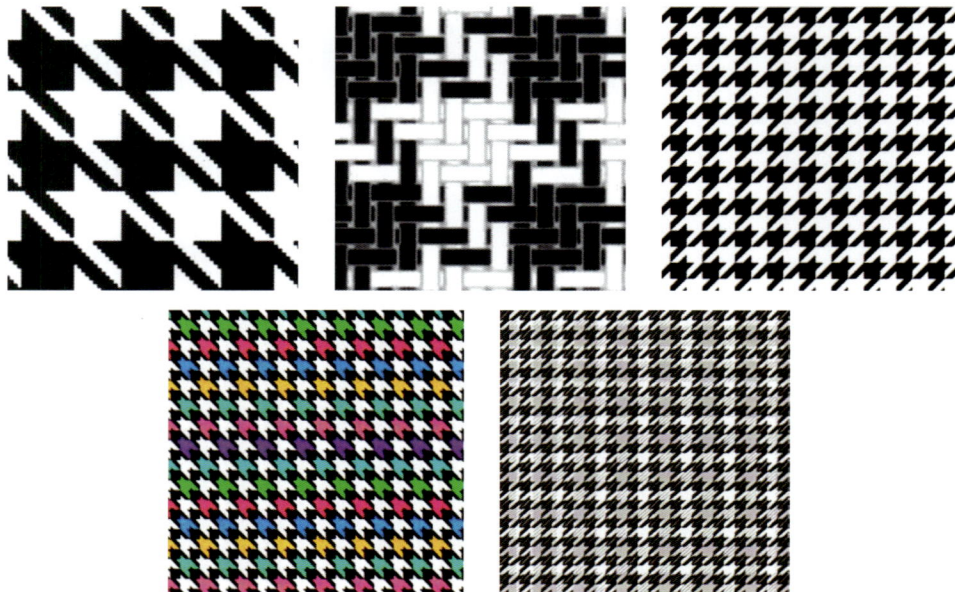

图 13-32　千鸟格图案

千鸟格图案源于苏格兰，最早可以追溯到19世纪，最初作为羊毛面料的一种编织图案出现，是苏格兰低地地区传统服装的标志性图案之一。

千鸟格图案的普及和流行，不仅仅是因为其独特的美学特性，更在于它所承载的文化和历史意义。从苏格兰传统服装到现代国际时尚服装，千鸟格图案经历了跨越时代和文化的演变，成为全球时尚界不可或缺的元素之一。无论是在高级时装秀上还是在日常生活中，千鸟格图案都以其独特的魅力吸引着不同年龄和背景的人们。图13-33所示的千鸟格是保罗·史密斯为马哈拉姆设计的装饰织物。

图 13-33　千鸟格（保罗·史密斯设计）

二、千鸟格图案的特点

1. 几何对称性与规律性

千鸟格图案的一个显著艺术特点是几何对称性和规律性。这种图案通常由交错的抽象四边形组成，形成一种规律的、对称的图形布局。这种几何美学不仅在视觉上具有强烈的吸引力，而且在设计上体现了一种严谨和精确的美感。千鸟格图案的对称性使其在视觉上具有一种平衡感与和谐感。无论从哪个角度观看，这种纹样都能给人一种整齐划一的视觉感受。这种对称性不仅让千鸟格图案在视觉上显得优雅和精致，也使其成为一种具有高识别度的图案（图13—34）。

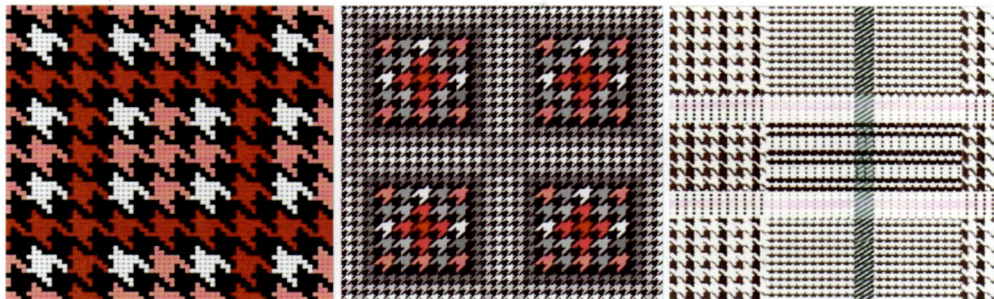

图 13-34　千鸟格图案的特点

在设计应用上，千鸟格图案的规律性使其适合用于各种面料和产品的设计中。这种图案能够在不同的材质上均匀分布，无论是服装、家纺还是其他配饰，都能保持一致的视觉效果，这使得千鸟格图案在设计领域非常受欢迎，能够给人以强烈的设计感和现代感。

2 色彩运用与视觉冲击

千鸟格图案的另一大艺术特点是其独特的色彩，这在图案设计中起到了关键作用。千鸟格图案通常由黑白两种颜色交织而成，形成鲜明的对比，这种简洁而强烈的视觉效果也是千鸟格图案的魅力所在。

虽然最经典的是黑白千鸟格，这种强烈的对比不仅使图案更加醒目，还增强了纹样的立体感。但现代设计师也经常使用其他颜色组合，如红色与黑色、蓝色与白色等，以适应更多样化的设计需求和时尚趋势。这些色彩搭配为千鸟格图案带来了新的生命力。

色彩的运用使千鸟格图案在视觉上产生了强烈的冲击效果。这种图案能够吸引观者的目光，产生视觉上的焦点。在服装设计中，千鸟格图案的服装往往成为焦点，展现出穿着者的个性和时尚感。

3. 多功能性和适应性

千鸟格图案能够在不同的材质上展现出独特的魅力，从传统的羊毛、棉质面料到现代的合成纤维，甚至是非纺织材料，都能呈现出千鸟格图案独有的美感。

千鸟格图案能够适应各种不同的设计风格。无论是经典、复古的设计，还是现代、前卫的设计，千鸟格图案都能融入其中，并赋予设计作品一种独特的风格。这种适应性体现了千鸟格图案的灵活性，也使其成为设计师喜爱使用的图案之一。

千鸟格图案的应用不局限于特定领域，它可以用于时装、配饰、家居装饰、室内设计，甚至运用于品牌标识设计和工业设计中。这种广泛的应用范围不仅展示了千鸟格图案的多样性，也证明了其在各个领域中的持久吸引力和影响力。

三、千鸟格图案的应用

在时尚领域，千鸟格图案的应用极为广泛。它被用于各种服饰设计，包括外套、裙装、裤装、帽子和鞋子等。这种图案不仅流行于女装，也受到男装设计师的青睐。千鸟格图案在经典风格和现代风格的服装设计中都占有一席之地，能够为服饰增添一种优雅而正式的感觉。除了传统的服装设计外，千鸟格图案也常见于时尚配饰，如围巾、包和领带等，这些配饰能够为整体着装增添一些精致的细节。

1. 在服装及服饰品设计中的应用

千鸟格图案在服装设计领域的应用非常广泛，其经典与时尚的结合为服装行业带来了无限创意和灵感。在服装设计中，千鸟格图案既保持了经典设计风格，又融入了现代设计元素。无论是正式的西装、大衣，还是休闲的裙装、夹克，千鸟格图案都有出色的表现。如图 13-35 中迪奥 2020 春夏成衣秀推出的千鸟格图案大衣就采用了黑白色千鸟格设计，结合现代剪裁技术，展现了一种既有历史感又不失现代时尚气息的独特魅力。同样，香奈儿也推出过千鸟格图案的风衣，如图 13-36 所示。

图 13-35 迪奥 2020 春夏成衣秀

图 13-36 香奈儿 2019 秋冬高级成衣系列

千鸟格图案不仅限于成熟的商务风格，也常见于年轻人的休闲服装及饰品。例如图 13-37 所示的千鸟格图案的领结、丝巾带，这类配饰极受年轻消费群体欢迎，反映了这种图案的多样性和广泛应用性。

图 13-37　千鸟格图案在配饰上的应用

千鸟格图案还广泛应用在围巾、手袋和鞋履等配饰中。这种图案为配饰增添了一种经典而优雅的风格，使其成为时尚爱好者的首选。一条印有千鸟格图案的羊绒围巾不仅具有优雅的外观，还能为佩戴者提供温暖和舒适。同样，一款千鸟格图案的手提包或高跟鞋能够为任何服装增添一抹复古而高贵的气息。

2. 家用纺织品设计领域的应用

千鸟格图案还被广泛用于家用纺织品设计领域，如沙发、椅垫、抱枕和窗帘等。这种图案在家具上的应用，尤其是在柔软的布艺家具上，能够增添一种优雅和复古的氛围。千鸟格图案的沙发或椅子能够成为客厅的视觉焦点，提升整个空间的设计感（图 13-38）。

图 13-38　千鸟格图案在家居与室内设计上的应用

在一个现代极简风格的客厅中，千鸟格图案的抱枕和地毯能够为简约的空间增添一抹复古的风情。同时，这种图案与现代家居的简洁线条形成对比，创造出独特的视觉效果。千鸟格图案也经常出现在室内设计中，如壁纸和地板的设计。这种图案用于墙面或地面，能够为室内空间带来动感与节奏感，同时保持一定的优雅和高贵气息。

此外，千鸟格图案还被应用于文具、包装设计中，为产品增添了美观和时尚的元素。在文具设计中，一本千鸟格图案的笔记本或日历能够吸引人们的视觉注意，同时提升使用者的审美体验。在包装设计方面，千鸟格图案的应用能够使产品包装显得更加高端和独特，吸引消费者的眼球。

第五节　波点图案

一、波点图案简介

波点图案是一种在时尚和设计领域广泛流行的图案样式，以其简洁而富有魅力的外观深受各年龄层人士的喜爱。这种图案由大小一致或不一致的圆点构成，排列在通常为单色的背景上（图13-39）。波点图案的历史可以追溯到19世纪，最初在欧洲作为一种纺织品纹样而流行。随着时间的推移，波点图案逐渐成为一种文化符号，象征着乐趣、活力和自由。

波点图案的魅力在于其看似简单却富有变化的设计。传统的波点图案通常以黑点配白底或以白点配黑底，但在现代设计中，波点图案已经拥有了各种色彩组合和点的大小变化。这种纹样能够轻易地适应各种设计语境，从而成为多种风格中的热门元素。例如，大波点设计通常传递一种大胆和前卫的感觉，小波点则给人一种精致和复古的印象。

图13-39　波点图案

此外，波点图案在现代艺术领域也占有一席之地。一些艺术家和设计师将波点图案作为作品的重要元素，利用其独特的视觉效果来传达艺术理念和情感。例如，日本艺术家草间弥生就以其波点系列作品而闻名，她的作品通过重复使用波点图案，呈现了无限和自我消融的概念（图13-40）。

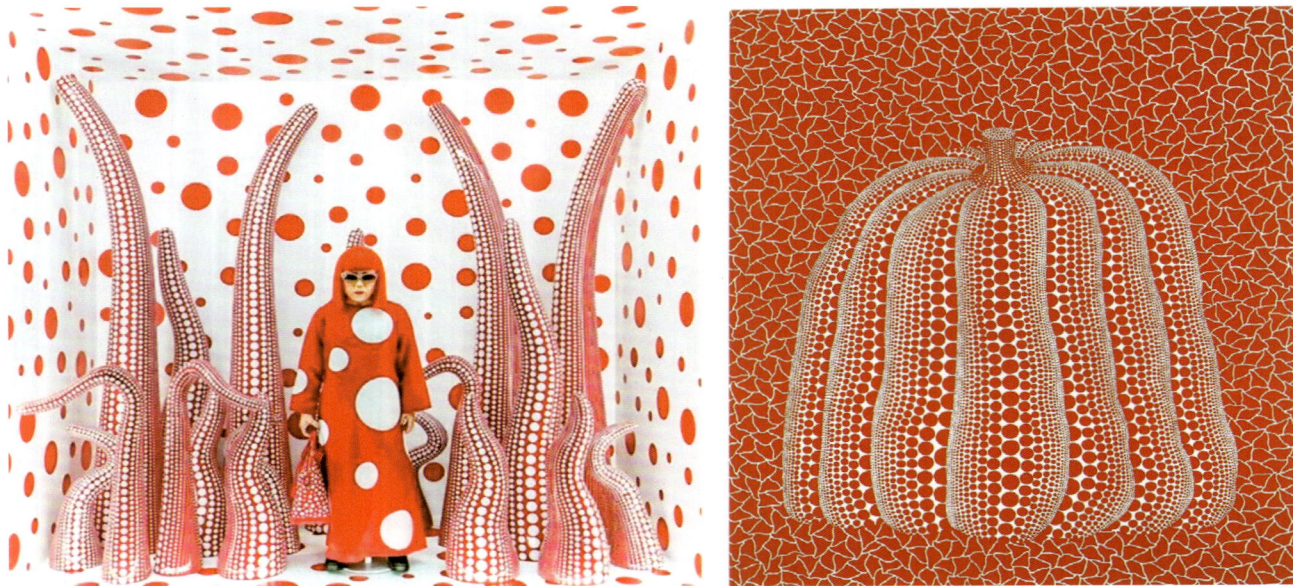

图13-40　草间弥生与她的波点系列作品

总的来说，波点图案以其简洁、多变和富有表现力的特点，在时尚和设计界占据了重要位置。它不仅是一种视觉元素，更是一种文化符号，代表着乐观、活力和无限的可能性。

二、波点图案的特点

1. 视觉节奏感与动态感

波点图案的一个显著艺术特点是其独特的视觉节奏感和动态感。波点图案由一系列均匀或不均匀排列的圆点组成，这些圆点在视觉上形成一种节奏感，给人以动态和活力的感觉（图13-41）。

图13-41　不同排列方式的波点图案

波点的排列方式可以非常灵活，从严格的网格排列到看似随机但实际上经过精心设计的排列，这种变化创造了不同的视觉节奏。例如，均匀排列的波点给人一种整齐划一的感觉，不规则排列的波点则更具动态性和自由感。波点图案通过圆点的大小变化和颜色对比，能够在静态的图像上创造出动态的效果。大的波点和小的波点交替排列，可以形成视觉上的前进感或后退感，给人一种视觉上的运动感。

2　色彩运用与情感表达

波点图案中的色彩运用是其显著的艺术特点之一，色彩的选择和搭配在很大程度上影响着纹样的情感表达和整体风格。

不同的色彩组合能够唤起不同的情感反应。例如，黑白色波点图案通常传达一种经典和优雅的感觉，而鲜艳的色彩，如红色和黄色的波点能够营造出活泼和充满活力的氛围。色彩的运用使波点图案不仅是一种简单的几何形状，更是一种能够传达情感和营造氛围的艺术表达。

色彩在波点图案中可以起到增强视觉效果的作用。对比鲜明的色彩组合能够使波点图案更加突出和引人注目。如图13-42是达米恩·赫斯特设计的彩色波点，丰富的色彩增加了波点图案的多样性和应用范围，使其能够适应不同的设计需求和风格。

图 13-42　达米恩·赫斯特设计的彩色波点

3. 多样性与应用广泛性

　　波点图案的多样性和应用的广泛性也是其重要的艺术特点。波点图案在大小、颜色、排列方式上的多样性使其能够适应不同的设计风格和需求。从大波点到小波点，从规则排列到随机分布，波点图案可以轻松适应从复古到现代、从正式到休闲的各种风格（图 13-43）。

图 13-43　波点图案在时装上的应用

　　波点图案不仅在服装设计中受到欢迎，在家居装饰、平面设计甚至是艺术作品中也经常出现。在家居领域，波点图案的窗帘、床上用品和餐具能够为居家生活增添乐趣和色彩。在平面设计中，波点图案常用于包装、广告和品牌标识设计，能够有效吸引观众的注意力。

三、波点图案的应用

在时尚领域，波点图案经久不衰，经常出现在服装、配饰和鞋履设计中。20世纪50年代，波点图案因其在女性服饰上的广泛应用而达到顶峰，成为那个时代的标志性纹样。设计师经常使用波点图案来创造既有女性魅力又不失优雅的服饰。从波点裙到波点衬衫，这种纹样在不同的服装上呈现出不同的风格和氛围。

1. 在服饰设计中的应用

波点图案在时尚界的应用非常广泛，不仅因为其经典和时尚的外观，还因为它能够适应各种设计理念和风格。在不同的时代背景下，波点图案总能以新的形式出现，持续受到时尚界的青睐。

在女性时装中，波点图案一直是一种经典的设计元素。从20世纪50年代的波点连衣裙到现代的时尚单品，波点图案总能在女性服装中找到它的位置。这种图案不仅体现了女性的优雅和柔美，还带有一种复古的韵味。

在马克·雅可布（Marc Jacobs）2011秋冬秀场上，黑底白点的设计，搭配现代的剪裁和细节处理，不仅保留了波点图案的经典感，还展现出了现代女性的时尚感和自信（图13-44）。

图13-44 马克·雅可布2011秋冬秀场

波点图案在男性时装中也非常受欢迎。尤其在男士衬衫和领带设计中，常用波点图案使着装显得轻松而又不失正式感。例如阿玛尼（Amani）推出的波点系列的领带，不同大小和颜色的波点设计，为人们提供了多种选择，适合搭配不同场合和风格的服装。这些领带在保持男性正装传统优雅的同时，也增添了一种时尚感。

2. 在时尚配饰领域的应用

波点图案在时尚配饰领域的运用体现了其作为经典设计元素的吸引力和多样性。从鞋子到包，波点图案为这些日常配饰增添了一种独特的时尚感和活泼的气息。

波点图案在鞋履设计中的应用极具创意和吸引力（图13-45）。无论是休闲鞋、高跟鞋还是平底鞋，波点图案都能为鞋履增添一种轻松而又不失优雅的气息。一双覆盖着黑白波点图案的帆布鞋，不仅舒适、实用，还充满了复古的韵味，适合日常休闲穿搭。而一双装饰有细小波点图案的高跟鞋，则可以为正装或晚宴装增添一分俏皮和独特的魅力。

图 13-45　运用波点图案的鞋履

　　波点图案在手提包设计中同样受到欢迎，它能够使设计更加生动和有趣。一个小巧的波点手提包可以作为参加派对或晚宴时的完美配饰，既增添了装扮的趣味性，又不失优雅（图 13-46）。而一个大容量的波点背包则适合日常使用，既实用又充满个性。

图 13-46　路易威登与草间弥生的联名包

　　除了鞋子和包外，波点图案还广泛应用于帽子、围巾、腰带等其他时尚配饰中。这些配饰的波点设计不仅为穿搭增添了趣味和色彩，也让波点图案的魅力得以在细节之处展现。

第十四章　安第斯地区的纺织品纹样

美洲大陆广阔，涵盖了包括中美洲、南美洲和北美洲在内的各个地区。每个地区都有自己独特的原住民文化，在语言、宗教、社会结构和艺术形式等方面存在差异。例如，中美洲的阿兹特克帝国、南美洲的印加帝国以及北美洲的印第安部落，它们在文化、宗教和社会组织等方面都有自己独特的特点。这种多样性也在美洲原住民的服饰文化中得到了体现，不同地区和部落的服饰其材料选择和装饰纹样不同，这反映了地域差异和文化传统的多样性。

第一节　安第斯地区的纺织业概述

南美洲安第斯山中部地区和中美洲地区是美洲大陆古代三大文明的发源地之一，是拉丁美洲文化的摇篮，也曾是世界文明发源最早的地区之一。在西班牙人没有进入美洲大陆之前，安第斯地区一直保持自己独特的文化，经历了卡拉尔文化（约公元前3000~公元前1500年）、库比斯尼克文化（约公元前1500~公元前500年）、查汶文化（约公元前1300~公元前500年）、帕拉卡斯文化（约公元前900~公元前100年）、纳斯卡文化（约公元前100~700年）、蒂亚瓦纳科文化（约公元前500~1000年）、瓦里帝国（约650~1000年）、西坎文化（约750~1375年）、昌凯文化（约1100~1460年）、齐慕文化（约1100~1470年）等"前印加文化"，以及在13~16世纪之间建立的强大印加帝国。印加文化约在13世纪以库斯科为中心开始兴起，包括厄瓜多尔、秘鲁、玻利维亚、智利北部及阿根廷的一部分，16世纪末至17世纪初逐渐消亡。印加（inca）一词，印第安语意为"太阳的子孙"，印加文化也是南美洲安第斯地区古代印第安人文化中最杰出的代表。

安第斯地区的纺织历史悠久，当地人擅长手工编织、纹织、刺绣、绞染、手绘等技艺。这里曾发现过公元前8600~公元前5780年的棉纺织品残片。除棉花外，安第斯地区的高地上还饲养羊驼和美洲驼等骆驼科动物，它们不仅可以提供肉食来源，还可以运输货物，更重要的是这些动物产出的纤维既柔软又适合染色，可以与棉花混纺成线和织物。在织造方面，安第斯地区普遍使用横式织机纺织平布和条纹布；南部高原地区使用竖式织机纺织多种色彩的织毯，这些织物不仅作为服装和其他日常生活用品，而且还应用在葬礼、成人礼等各种活动中。如我们今天所看到的大多数出土的编织物品都曾是丧葬用品。安第斯纺织艺术在军事和外交方面也起到了重要作用，可以作为外交工具，在政治谈判中进行交换。

安第斯地区的纺织品纹样主要有动物、人物、几何等纹样，还有祭祀仪式、战争场面、日常生活、农事活动等纹样，展现了当时社会、宗教、经济、政治生活的各个方面。因为当时没有文字，所以纺织品上的图案花纹起到了传达宗教或巫术信息的作用。另外，当地人相信人死后还能复活，"人体被埋在地下，是作为种子来产生新的生命"。所以他们用纺织品作为陪葬，与死者一起葬于坟墓，相信纺织品上面装饰的神圣动物会将死者的灵魂带往天堂。这些神圣的动物主要有美洲狮、猎豹、美洲虎等猫科动物，南美神鹰、秃鹫等猛禽以及蟹、虾等甲壳类动物，或是这些动物与人组成的半人半兽的怪异神兽。人们对这些动物抱有敬重、崇拜的心理，将其奉为神灵动物。

第二节　安第斯地区的主要纺织品纹样

从前哥伦比亚时代到欧洲殖民时代，再到今天，安第斯织物的传统文化在6000年的历史传承中延续，这些纺织品具有各种功能：早期的布料编织和文化符号，作为文字记录保存，甚至牵涉到宇宙学和象征性信息。

一、神鸟纹样

印加民族信仰圣鸟与圣兽，美洲鹰被誉为神鸟，而神鸟纹样已成为具有代表性的印加纹样（图14-1、图14-2）。从已经出土的安地斯棉织品中发现了公元前2500年的神鸟纹样，现在英国伦敦人类博物馆与美国休斯敦美术馆都藏有公元前500~公元前200年有飞翔的双头神鸟纹样的印加棉织物，神鸟纹样对20世纪20年代的装饰美术有很大的影响。

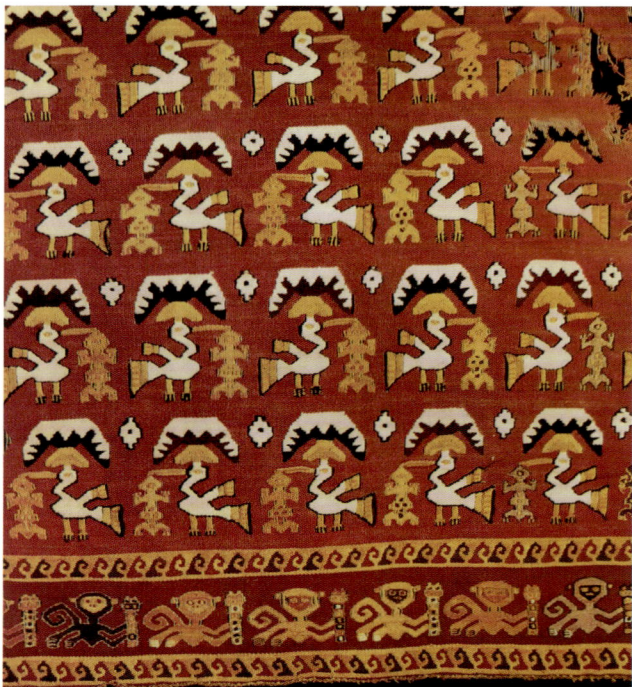

图14-1　猴子鸟纹织物

图14-2　抽象鸟纹蕾丝

二、神兽纹样

　　神兽纹样主要有美洲狮、美洲虎、圣蛇与鳄鱼。令考古学者为之吃惊的是，在几千年之前的印加棉织品中已经出现了宇宙人与半神半兽的形象和富有幻想的纹样（图 14-3）。其他神兽纹样还有鹰、秃鹫、猎豹、猿、岩蟹、蜂鸟、鹈鹕、海鸥、林鸮、鹦鹉以及双头蛇等，印加人崇拜动物，将其看成是上帝的使者。动物作为纹样在应用时，其眼、牙、爪、口、尾巴、舌头等局部形象往往被夸张处理，还会与人组合成怪物神等奇特神秘的古怪形象（图 14-4）。

图 14-3　神兽纹样描染

图 14-4　猫纹、鸟纹、人物纹棉织物

三、神人纹样

　　神人纹样常常带有戏剧性与生活气息，以几何线条来塑造人物形体，块面中装饰不同颜色，纹样之间富有连续性的故事情节。

　　神人纹样在早期的纳斯卡刺绣纺织品中应用最多，一般通过特定的服装、头饰和武器、手杖进行表现，并用这些复杂图像代表神灵。如图 14-5 中的神人纹样上有夸张的头饰，神人嘴中流出一条蛇形宽饰带，一手持杖，另一手握一条蛇，脚踝上还有人头形装饰。图 14-6 的棉地驼毛刺绣织物上的神人纹中有鲨鱼特征的头饰，一手执战俘首级。这些神人纹蕴含着丰富的意义，通过在纺织品上的应用，表现自己民族的神话

图 14-5　纳斯卡时期的神人纹样

图 14-6　棉地驼毛刺绣神人纹织物残片

与历史，以及信仰和宗教仪式。

四、几何纹样

    主要的几何纹样有三角纹、锯齿纹、阶梯纹、万字纹、雷纹、四角纹、格子纹、钥匙纹、十字纹、连环纹等，高度概括的、抽象的几何纹样也是屡见不鲜。印加人认为这些几何图形象征再生、复活和循环（图 14-7、图 14-8）。

图 14-7　波浪纹

图 14-8　几何鸟纹三角形棉织物

第三节　安第斯地区纺织品纹样的特征

    安第斯地区的纺织品纹样具有十分独特的特点，其上大量应用了几何形和几何化动物纹样，几乎没有植物纹样，直到印加文化后期，用直线条构成的三角形、菱形及多边形等几何图形组合构成的各种动物、植物与人物纹样多为对称形式，具有明显的装饰美感，似乎更多地是传达人们的思想情感（图 14-9、图 14-10）。印加人没有文字，几何纹样和动物纹样就是他们传递信息的主要视觉符号，通过这些几何纹样以及几何化的动物纹样表达他们对神灵的信仰和崇敬（图 14-11、图 14-12）。在色彩方面，除了通常用红色、黄色、绿色等艳丽色彩外，黑白色纹样也是前印加织物的一大特色。印加人将黑白正反格子看作大自然的转换，是昼与夜的交替。

图 14-9　几何形动物纹

图 14-10　八角形鸟纹羊毛织物

图 14-11　几何化人物纹样

图 14-12　几何化龙虾纹样

第十五章　埃及纺织品纹样

埃及地跨亚、非两大洲，大部分位于非洲东北部。埃及的纺织品纹样具有稀有性、神秘性等特征。

第一节　植物纹样

一、莲花纹样

早在公元前 5 世纪，古希腊学者希罗多德考察埃及之时便发现尼罗河沿岸的荷塘之中开满了莲花，他感慨于莲花盛开的美景，将其中最著名的莲花称为"埃及的露特斯"（埃及之花）。在古埃及人心中，太阳因其颜色金黄、每日升起，被认为是一位周身金灿灿的孩子。每天清晨，孩子借助神力从水中最大、最美的莲花中升上天空并散发金色光芒普照大地。后来，人们又在日常劳作中发现莲花籽埋于地下数年后仍能发芽，因此莲花被认为具有神奇的力量，是幸福和神圣的象征。在漫长的社会生活发展过程中，莲花渐渐成为纯洁和高尚的代名词，化身为青年男女爱情的信物。莲花纹样在埃及非常普遍，其对称的单位图形给人以庄严感和神圣感，在二方连续中常常由弧线和曲线连接，其间伴有水的律动（图 15-1）。图 15-2 所示的为 19 世纪产于埃及的手工贴花刺绣的棉挂帘细部图，其上有莲花装饰，即盛开莲花的俯视图。

现代也有很多以埃及莲花纹样为灵感的纺织品设计，如"金字塔之巅：古埃及文明大展"于 2024 年 7 月 19 日在上海博物馆开展，首发近 600 款文创产品，包含"萌神守护""众神信仰""神圣符号""象形密码"和"埃及

图 15-1　埃及莲花纹样

图 15-2　手工贴花刺绣的棉挂帘细部图

风光"五大系列。其中图 15-3、图 15-4 所示的是该展览上埃及风光系列中以巴斯特莲花纹样为设计灵感的包。

图 15-3　巴斯特莲花纹样帆布包

图 15-4　巴斯特莲花纹样针织手提包

二、纸莎草纹样

纸莎草是一种水生植物，形状像芦苇。人们把它的茎逐层撕开，削成长条彼此排齐、压平，晒干后连接成片，制成可以用来书写记录的纸——莎草纸。纸莎草的花似未开放的蒲公英（图 15-5）。

图 15-6 所示的是古埃及第十八王朝第七位法老阿蒙霍特普二世时期的手织挂毯残片，出土于阿蒙霍特普二世之子图特摩斯四世在底比斯的墓葬，毯面上的莲花纹样和纸莎草纹样是上埃及和下埃及的象征。

纸莎草纹样作为古埃及的重要纹样，在现代埃及风格的服饰品设计中也常常出现。如图 15-7 所示的纸莎草印花卫衣，题材来源于埃及壁画《内巴蒙花园》，卫衣上的纸莎草形象逼真，图案印制清晰，美观且不掉色，

图 15-5　纸莎草纹样

图 15-6　阿蒙霍特普二世时期的
手织挂毯残片

色彩鲜艳，有很好的视觉效果。图 15-8 所示的是上海博物馆"金字塔之巅：古埃及文明大展"上的纸莎草纹样针织手提包。

图 15-7　纸莎草印花卫衣

图 15-8　纸莎草纹样针织手提包

第二节　动物纹样

一、圣甲虫纹样

圣甲虫学名蜣螂，也称屎壳郎。在埃及语里，圣甲虫被译为"创造"，尤其代表着世界的创造。古埃及人观察天空，发现太阳没有腿、没有动力，依然每天从东方升起西方落下，就认为一定有什么东西推动着它从东方绕一圈走到西方。地面沙土突然凸起涌出许多甲虫的现象启发了古埃及人，他们由此认为这种甲虫推动粪球的动作代表了宇宙天空的星体交替，所以将它命名为"圣甲虫"，由此圣甲虫成为创造和动力的代名词。同时，甲虫将粪球埋入地下，其后代成熟后再从地表钻出，也为古埃及人带来了重生的希望，圣甲虫也成为不朽灵魂的象征。人们把饰品做成圣甲虫的形状佩戴在死者的胸前，希望他们如这些甲虫般顺利往生。因此，在许多墓葬发掘品中都有圣甲虫的身影。图 15-9 所示的圣甲虫胸饰反映了古埃及首饰中心对称的原则，以脚踩矢车菊的圣甲虫为视觉中心，张开的圣甲虫双翅采用了首饰制作中常用的宝石镶嵌工艺。图 15-10 为现代埃及风格的圣甲虫造型首饰，图 15-11 为具有圣甲虫元素的埃及丝巾，图 15-12 为迪奥 2004 春夏高定秀中的圣甲虫装饰品。

图 15-9　古埃及图坦卡蒙墓中的圣甲虫胸饰

图 15-10　埃及圣甲虫
造型首饰

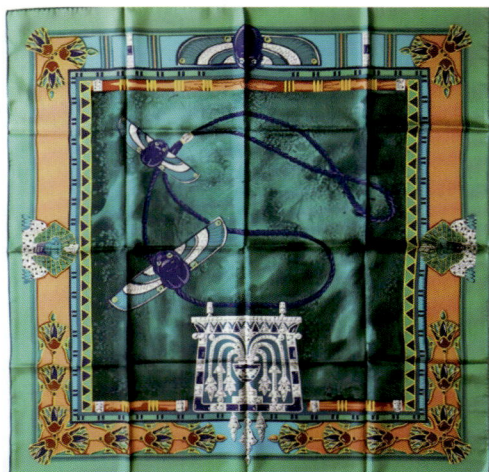

图 15-11　具有圣甲虫元素的
埃及丝巾

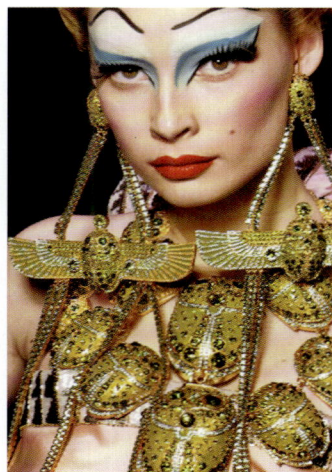

图 15-12　迪奥 2004 春夏高定
秀中的圣甲虫装饰品

二、蛇纹样

在埃及神话中，蛇被认为是冥府的造物和创世之初不可缺少的力量。因此，在首饰艺术形式中，蛇作为下埃及的保护神瓦德吉特的凡尘化身和上埃及的保护神秃鹫女神奈赫贝的化身，共同保护着上埃及和下埃及的王权，两者的合并和同时出现象征着上下埃及的统一。

图 15-13 所示的王冠呈现了古埃及首饰在艺术表现手法上高度写实的秩序美感。青金石和红玛瑙的配色鲜明醒目，眼镜蛇蛇头前伸、蛇身却后仰，在表达自然界眼镜蛇灵活动态的同时保留了王室的威严和庄重。蛇身与王冠的衔接处采用了搭扣镶嵌的方式，可见当时首饰的金工技术已相当纯熟。图 15-14 中的男士佩戴了使用蛇元素装饰的古埃及风格头饰，额前的眼镜蛇造型灵动逼真。

图 15-13　古埃及眼镜蛇王冠

图 15-14　使用蛇元素装饰的古埃及风格男士头像

在现代服饰设计中，2023 年巴尔曼（Balmain）品牌设计师奥利维尔·鲁斯坦（Olivier Rousteing）以埃及图腾等文化为灵感设计了系列服装，如图 15-15 运用了蛇元素造型的服装。2023 年迪奥将男装早秋系列秀场搬到了世界七大奇迹之一的吉萨金字塔前，织有蛇纹样的针织衣（图 15-16）成为沙漠中一抹亮丽的风景线。

图 15-15　2023 巴尔曼品牌系列服装中的蛇元素造型

图 15-16　2023 迪奥男装早秋系列秀场中的蛇形纹样针织衣

三、荷鲁斯之眼

荷鲁斯之眼（The Eye of Horus）是鹰头神荷鲁斯（图 15-17）的眼睛，又称乌加特之眼（Wedjat Eye），是古埃及文化中充满神秘和象征意义的符号。它有着庇佑与保护、再生与恢复、君权与统治、宇宙与平衡等多重层面的重要含义。

古埃及人普遍相信荷鲁斯之眼具有辟邪的作用，能替代荷鲁斯向冥神祈求死去亲人对在世者的保护，或者认为它能代替人的眼睛让死者看向世间。他们认为佩戴荷鲁斯之眼的护身符可以保护自己的安全（图 5-18）。从形象上看，它更像是将人的一部分解构出来，纹样本身描绘的是不完整的部分事物，其意义却比完整的事物更丰富、更深远。这个来自人类本身的形象已经和人们相去甚远，它从被作为元素解构出来之时，就成为复仇、护佑和送葬的象征符号（图 15-19）。

图 15-17　古埃及神灵荷鲁斯

图 15-18　荷鲁斯之眼护身符

荷鲁斯之眼也被古埃及人描绘在死者的棺椁上，保护死者在地下通往永生的路上不再受到伤害（图 15-20）。图 15-21 为公元前 13 世纪帕谢杜墓中的一幅画作，其中拟人化的荷鲁斯之眼向加冕之神奥西里斯献香。

图 15-19　埃及荷鲁斯之眼符号　　　　图 15-20　古埃及人棺椁上的荷鲁斯之眼

图 15-21　古埃及壁画中的荷鲁斯之眼

在古埃及社会中，荷鲁斯之眼不仅在宗教信仰中发挥重要作用，还在艺术、政治和日常生活中扮演了重要角色。今天，我们依然可以在博物馆和艺术品中看到这个神秘的符号，它让我们更深入地了解古埃及文明的丰富和多样。在现代服饰设计中也常见到这一纹样装饰，如祖海·慕拉（Zuhair Murad）、高田贤三（Kenzo）等品牌均以古埃及荷鲁斯之眼为设计灵感推出了系列服装（图 15-22、图 15-23）。

图 15-22　祖海·慕拉品牌以古埃及荷鲁斯之眼为灵感设计的服装　　　　图 15-23　高田贤三品牌服饰细节

第三节　科普特织物

一、科普特织物简介

科普特（copt）一词的词源较为复杂，据说其原意是"埃及人"，源于希腊文"aegyptus"，其词干保留为"egypt"（埃及），阿拉伯人带着伊斯兰教进入埃及后，就按希腊人的叫法称当地人为"gypt"，它的谐音又演化为"copt"。

科普特织物是反映科普特基督教艺术发展的最重要的工艺品（图15-24）。大部分是以亚麻为经线、以羊毛为纬线的彩锦，被织成方形、圆形或条形，种类有印染、蜡染、编织等。这些科普特织物因其鲜艳而温暖的色彩而声誉卓著，其纹样五彩缤纷，染料多来自植物，如茜草、石蕊、靛蓝植物、番红花等，适合做衣服、帐幔或盖罩物。其中有一些大型的织物比较厚实、保暖，可以用作壁挂或地毯。图15-25和图15-26中的团花状缂丝织物可追溯至5世纪，因此其中的蚕丝很可能是由中国输入的。这一时期流行在胸前和衣缘装饰缂丝织物的T形长袍，其上的装饰纹样往往具有古希腊、古罗马的古典设计风格。图

图15-24　科普特圆形织物

15-25所示的团花状缂丝织物在通经断纬处留有狭缝，经线有时两根一组，有时三根一组，中心部分有人物头部形象，周围环绕八枚叶片，四周为紫色地上的四个人物头部形象，环绕以水波纹边饰。图15-26所示的缂丝织物残片上有一个侧四分之三视角的人物，身背篓子，手中倒提着一只鸭，这种乐于表现人物形象的图案一直延续到欧洲的中世纪。

图15-25　团花状缂丝织物

图15-26　缂丝织物残片

二、科普特织物的艺术特点

最古老的一批科普特织物生产于2~4世纪，材料以羊毛、麻混纺为主，可以染出多种色彩，其中尤

以高度稳定的埃及蓝闻名。同时，该时期的科普特织物在色彩上模仿希腊、罗马的绘画和马赛克艺术，从彩虹中汲取灵感，将染织图案设计为彩虹式色彩的条带排列形式，织造出彩虹式晕裥纹样织物。如图15-27为在北非埃及卡斯尔伊布林（Qasr Ibrim）王朝遗址中发现的科普特织物。

4~5世纪，科普特织物纹样多为具有古希腊、古罗马特色的神话题材，后期纹样开始具有基督教的象征，如图15-28是象征基督教的织物纹样，一方面神教的一些成分继续存在，另一方面又有十字架和鱼这种象征基督教的形象，这类织物中的人、兽形象都缺乏希腊艺术作品所具有的生动、活泼的特色。

图15-27　北非埃及卡斯尔伊布林
王朝遗址中发现的科普特织物

图15-28　4~5世纪的科普特织物纹样

自6世纪以来，科普特织物的样式风格越发极端，这类作品完全摆脱了模仿自然的古希腊艺术风格的影响，在一大片均匀的颜色中间，借助一根未经漂白加工的亚麻线表现细节。这个阶段的科普特明显地摆脱了临摹自然的特色，纹样中的人物都以头大且眼睛又圆又大直瞪前方的正面形象出现，人和动物完全不受自然形态的束缚（图15-29、图15-30）。

图15-29　5~6世纪的科普特壁挂

图15-30　6世纪后宗教题材的纹样

尽管早期的大主教谴责人们穿着饰有这种华丽纹样的服装，但这种服饰广受欢迎，并且一直流行到伊斯兰时期。但在当时的埃及，有关基督教主题的纹样并不多，其中教会中流传的约瑟夫之梦的纹样被发现用来装饰外衣，上面还有希伯来语。如图15-31、图15-32所示的纹样描绘了这一故事。

图 15-31 描绘先知约瑟的故事的纹样

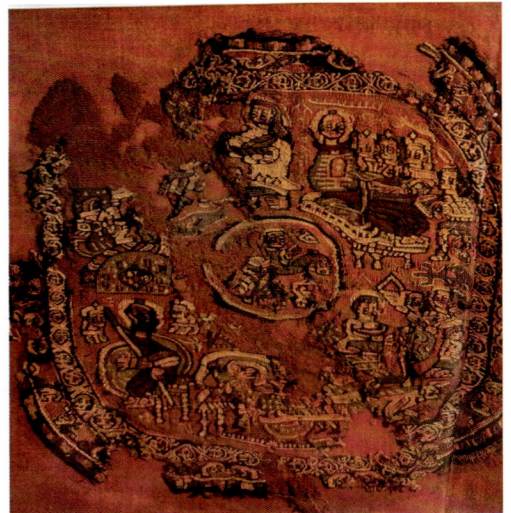

图 15-32 织锦上描绘约瑟夫故事的圆形纹样

科普特织物纹样经过多个时代的演变，始终保持着独特的艺术效果，最终演变成一种民间艺术，如图 15-33 为 11 世纪的科普特织物。直到现在，仍有以科普特艺术效果为主题的纺织品设计，如图 15-34 所示。

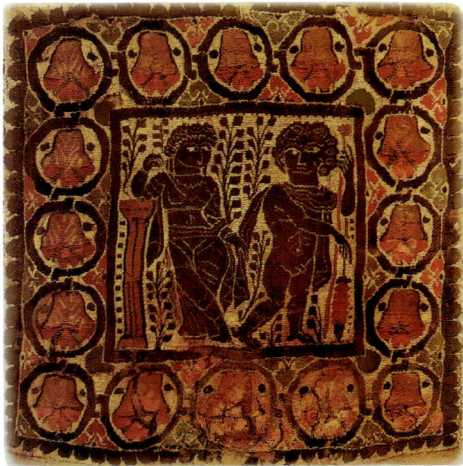

图 15-33 11 世纪的科普特织物

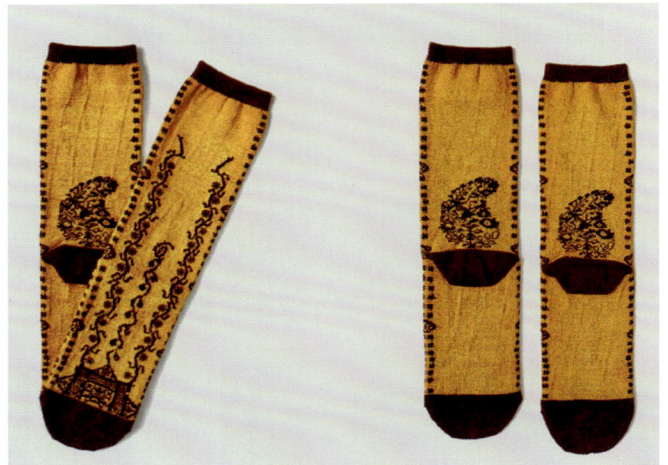

图 15-34 以科普特艺术效果为主题的纺织品 日本制女袜

第十六章　撒哈拉沙漠以南的非洲纺织品纹样

撒哈拉沙漠以南的非洲从地理上划分，大致在北纬 20° 一带。撒哈拉沙漠以南的非洲地区终年暴露在灼热的烈日之下，赤道的阳光为这块大陆创造了独一无二的自然环境。

第一节　蜡染布纹样

一、非洲蜡染布简介

蜡染的国际常用词是"batik"，指一种通过在织物表面涂覆、绘画、印制各种易于去除的覆盖物，例如蜂蜡、石蜡、松蜡、枫蜡、淀粉、黏土等，再将其投入染浴中染色，最后去除覆盖涂层从而显示花纹的染色工艺。非洲蜡染布便是利用这种染色工艺生产的印花布，其选用白蜡、黄蜡进行防染绘制，然后在含有靛蓝和氢氧化钠的染液里浸染，晾干后再次浸染、晾干，直到完全上色；紧接着用粗实的木棒将布匹反复捶打，使其出现类似古铜色的光泽，使织物产生单色或复色纹样（图 16-1）。这种面料上的纹样古朴大方，颜色绚丽多彩，充分反映了非洲人粗犷豪放的性格及其对美的热爱和追求。用这种面料制作的服装不但色彩艳丽，令人赏心悦目，而且耐晒耐洗，实用性强。因此，非洲蜡染布一直以其鲜明的艺术风格和旺盛的生命力享有一定的市场。图 16-2 为现代市场中的非洲蜡染布。

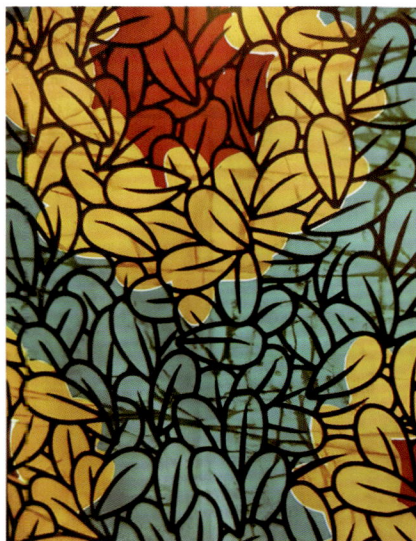

图 16-1　非洲蜡染印花布　　　　　　　　图 16-2　现代市场中的非洲蜡染布

二、非洲蜡染布纹样题材

非洲蜡染布纹样的题材来源广泛，主题突出，形象生动，既有现实主义风格和原始的自然主义风格，又有抽象的原始图腾文化，形成了敦厚、简洁、洗练、朴素、稚拙和强烈表现力的特征。

1. 动物题材纹样

　　非洲各族人民都追求和向往幸福吉祥，希望万事万物都有利于自身的发展。因此，许多动物纹样自古就被赋予吉祥幸福的寓意，常以飞禽走兽、鱼虫贝壳为主，每种动物都有着不同的象征意义，如长角水牛是吉祥和富有的象征，雄狮是勇猛和力量的代表，龟、蜗牛和贝壳是胜利的象征，公鸡是战胜邪恶、驱散黑暗的神鸟也是民族联盟的象征，公羊代表男性的权力，禽鸟代表女性的美丽，母鸡代表母性，蜥蜴代表死亡，鱼骨代表干旱，蛇和海龟代表土地，等等。图16-3为非洲动物题材纹样。

图16-3　非洲动物题材纹样

2. 植物题材纹样

　　非洲独特的气候和生态环境以及千姿百态的绿色植物是植物题材纹样取之不尽的源泉（图16-4）。充满原始自然主义的纹样，蕴含着非洲人民对生活富足、畜牧业兴旺及农业丰收的美好祝愿。热带水果，如菠萝、香蕉、芒果、椰子，以及经概括、提炼、加工变化后的抽象花叶果实，有的构成单独纹样被当作主题纹样，有的穿枝插叶、虚实、黑白相间，组成变形的植物纹样，如棕榈叶纹样象征着非洲人婚姻的幸福美满。

图16-4　非洲植物题材纹样

3. 景物题材纹样

　　景物题材纹样是以自然风光、建筑和实用品为题材的纹样，有些题材还有耐人寻味的隐喻，如钥匙表示主权所有，火炬象征独立光明，鼓代表战斗的号角，公交车和自行车表示对美好生活的向往，蚊香表示人们对传播疟疾的媒介——蚊子的仇恨。现保存在荷兰哈勒姆（Haarlem）棉花公司的一块 1912 年生产的织物上装饰有荷兰乡村主题的纹样（图 16-5）。流行时间最长的蜡染纹样要数哈勒姆棉花公司于1904 年设计生产的国王的剑纹样（图 16-6），至今还在生产和销售，反映了非洲人民传统观念的根深蒂固。

图 16-5　荷兰乡村主题纹样

图 16-6　国王的剑纹样

4. 几何纹样

几何图形是蜡染印花布纹样中应用最广的一种题材内容，它既可以单独组合成规则或不规则的几何纹样，也可与花卉草木组合，还可作为底来衬托主题或组合成几何形框架，把人像、景物、动物等镶嵌其中，具有主题突出、层次分明的特点，为消费者所喜爱。几何纹样中的点、线、面通常朴实、粗壮，以粗细、虚实的对比手法进行组合，纹样丰富活泼。如 1960 年大英博物馆收藏的一块布料上的纹样（图 16-7），反映了早期小物体和几何纹设计的风格。图 16-8 为非洲蜡染印花布中的几何纹样。

图 16-7　大英博物馆收藏的一块布料上的纹样

图 16-8　非洲几何纹样

5. 通俗题材纹样

受图腾崇拜的影响，非洲蜡染布纹样中也会出现宗教的图腾、土著部落的旗帜、地图和领袖肖像，甚至还有人的五官和四肢等题材的纹样（图 16-9）。

图 16-9　非洲通俗题材纹样

第二节　康茄纹样

一、康茄简介

　　康茄（kanga）也称坎加，是以蜡染、机印为主要工艺，印有非常丰富的颜色以及纹样的矩形印染制品，是非洲特别是东非坦桑尼亚地区传统服装的代表之一，源于 19 世纪中叶东非的斯瓦希里民族，该民族是由各地的班图人和 7 世纪以后迁徙而来的阿拉伯人、波斯人等长期结合组成的民族。康茄一词源自东非通用语言——斯瓦希里语，原是当地一种飞鸟的名字。这种鸟体形肥硕，全身黑底白斑的羽毛光泽发亮，形状酷似珍珠鸡。妇女们用手工做成黑白相间的布披在身上，如同康茄鸟一样美丽，充满魅力。从此康茄作为妇女服装流传开来，备受女子喜爱。

　　当地人在穿用康茄时有多种方式，如包在头上（图 16-10）可以充当头巾；折叠后缠在胸部，当成胸衣；展开后系在腰上，充当半身长裙；展开裹住身体，充当连衣裙；更有人将两三块康茄同时包裹缠绕在身上，做成日常穿着的生活装和节庆的舞蹈服（图 16-11）。

图 16-10　包在头上的康茄　　图 16-11　身着康茄服饰的当地人

二、康茄的艺术特点

　　如今康茄在非洲文化中已经超出了服装的范畴，被赋予了新的含义，成为一种表达情绪和传递信息的工具。坦桑尼亚人喜欢在五颜六色的康茄布上印上各种纹样或文字。它们代表了不同的含义，如谚语、爱情、欢乐、灾难、悲伤、遗愿等。因此，穿戴康茄不能随意，是十分有讲究的。颜色艳丽、明快的康茄是喜庆节日的礼服，深色朴素的康茄宜在庄重、肃穆的场合穿，表达人们深沉严肃的感情。

　　由于传统的穿衣方式，康茄纹样保持着较为严谨的规格限定，形成了一系列图案规律，也被称作康茄纹样流派。康茄纹样的规格约为117cm×168cm，颜色基本上不超过四套，但如果采用较复杂的印染工艺印制，也可增加纹样的套色。纹样表现形式大致分为三种：规律性的散点纹样、规律性的折线纹样及规律性的网格纹样。组成形式大致分为两种：一是由一个中心纹样、四个角纹和四条边纹组成；二是由一个长方形的纹样和四条边纹组成。康茄纹样的一大特点是在中心纹样的下部配有斯瓦希里文字（图16-12）。斯瓦希里文字由于受阿拉伯文字的影响，借用阿拉伯文字较多。康茄纹样上的文字常为一句誓词或宣言，或是全国性的重大节日或重大事件的名称。当地人在选购该类服饰时往往会先根据上面的文字内容进行初选，再按照其所具有的样式和风格来最终确定自己满意的康茄纹样。同时，当地人还喜欢把它作为礼物赠送给自己的朋友、亲戚和爱慕者，康茄上所书写的文字便是赠送者想要表达的情感。

　　康茄在现代设计中也时有应用，如图16-13为美国著名设计师品牌马克·雅各布发布的2018春夏系列时装秀。以艳丽的花卉纹样及包裹式的康茄服饰为灵感，融入宽松休闲的元素，设计出充满夸张和异国情调的全新系列服装。

图16-12　配有斯瓦希里文字的康茄

图16-13　马克·雅各布2018春夏系列服装

第三节　肯特布纹样

　　肯特布是非洲传统手工纺织品，是西非的非物质文化遗产，也是世界上最复杂的织物之一，其色彩绚丽、纹样丰富，具有非洲文化独特的原始张力之美（图16-14）。肯特布产自非洲西部的加纳地区，当地人称为"nwetoma"，源于阿肯语中的"kenten"一词，意为"篮子"，对应英文为"kentecloth"。它是以棉线、丝线或人造丝为原料，用小型木制织机纯手工织造而成的长而窄的条带状织物，当地人将这些条带沿布边纵向依次缝合拼成一块大的正方形或长方形的整布作为服装，有"穿衣一块布"的说法。

图16-14　肯特布

　　肯特布按织造地区主要分为阿散蒂族肯特布和埃维族肯特布两种。阿散蒂族肯特布最大的特点是织物纹样全部由锯齿状、菱形、梯形、星形、方形、闪电形、十字形等几何纹样组成，整体风格规整紧密（图 16-15）。

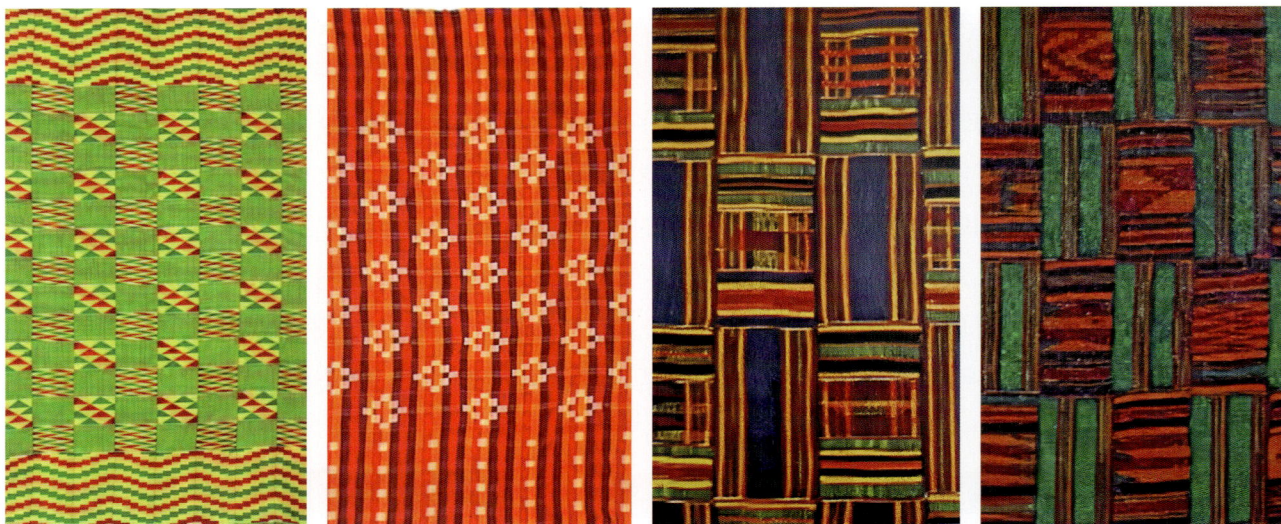

图 16-15　阿散蒂族肯特布上的纹样

阿散蒂族肯特布上的纹样与本国的政治体系联系紧密，不同阶层或不同政治地位的人使用不同的织物。一类是皇室成员使用的染织物，被称为"阿萨斯布"；另一类是由棉和少量丝织成的大众面料，被称为"纳塔玛布"。阿散蒂皇族服饰上由红色、绿色、黄色三种颜色的条带组成的经纱背景纹样被称为"欧雅科曼"（Oyakoman）（图 16-16），是阿萨斯布的专用纹样，也是阿萨斯布独特的设计元素。

埃维族肯特布的色彩象征意义和织物背景设计与阿散蒂族肯特布大体相似，但纹样较之更为丰富，除几何纹样外，还有动物纹样、植物纹样、器物纹样、通俗纹样及政治题材纹样，整体风格则更加生动、活泼（图 16-17、图 16-18）。

图 16-16　阿萨斯布的经纱背景纹样——欧雅科曼

图 16-17　埃维族肯特布上的纹样

图 16-18 埃维族肯特布上的纹样（首领与谏言者图案）

　　肯特布的制作费时费力、产量低，售价又高，但是非洲居民依然将其作为生活文化的一部分，并且一直在传承，这主要受当地宗教文化的影响，也与肯特布的民族性和其特有的文化传承功能有关。现代服装设计中也能看到肯特布纹样元素，如图 16-19 为 2017 年米兰时装周艾绰秋冬发布会上的服装，图 15-20 为现代肯特布纹样服装。

图 16-19 2017 年米兰时装周艾绰秋冬系列服装

图 16-20 现代肯特布纹样服装

第十七章　阿洛哈纹样

第一节　阿洛哈纹样简介

阿洛哈纹样（aloha design）起源于美国夏威夷群岛，因此又被称作夏威夷纹样（hawaii design），是波利尼西亚民族的纹样。其历史可以追溯到数个世纪前，最初受到夏威夷原住民文化和自然环境的深刻影响。这些纹样中常常融入夏威夷群岛上的植物、动物和地理元素，这些元素不仅代表着夏威夷的自然美景，也象征着当地的生活方式和精神信仰。

"aloha"是波利尼西亚语，意思是"欢迎你，朋友"或"再见，朋友"。当你登上夏威夷群岛时，岛上的波利尼西亚人会成群结队地来欢迎你，在你的脖子上套上用扶桑花做成的花环，第一句话就是"aloha"。当你离开该岛时，他们赠送你一段花布，最后一句话也是"aloha"。最初，在这种作为馈赠品的花布上常常穿插着"aloha"或"welcome"的英文字样，后来这种花布就被称作"aloha printing"，花布上的纹样就被叫作阿洛哈纹样（图17-1）。

图17-1　阿洛哈纹样中的扶桑花

夏威夷群岛是国际知名旅游与避暑胜地，每年有大量来自世界各国的游客来夏威夷避暑。夏威夷观光局为了渲染欢乐的热带气氛，常常举办阿洛哈集会（aloha party）和阿洛哈竞赛会（aloha competition）。与会者必须穿上用阿洛哈花布制作的阿洛哈衫（夏威夷衫）。优胜者可领取各种用阿洛哈花布制作的纪念品。起初这种花布大多是用手工印花的方法印制的，所以在许多阿洛哈纹样中仍旧保留了型纸印花与蜡染的痕迹。1920年，美籍日本商人从日本大量进口了这种花布，日本印染界采用圆网与平网印花工艺印制，大大丰富了阿洛哈纹样的表现形式。1953~1956 年，阿洛哈衫成为当时最时髦的男式服装，并在世界范围内广泛地流行起来，现在是世界上最有吸引力的男式夏装与旅游服之一。

阿洛哈纹样，作为一种具有丰富文化内涵和独特风格的艺术形式，不仅是夏威夷地区文化的象征，也在全球范围内受到了广泛的喜爱和认可。这些纹样以其鲜明的颜色、自然主题和流畅的线条而著称，反映了夏威夷群岛独特的自然风光和文化遗产。

第二节　阿洛哈纹样的特点

一、热带自然元素的运用

阿洛哈纹样中最显著的特点之一是对自然元素的广泛运用。这些纹样常常包括夏威夷群岛特有的植物、动物和地理景观，如扶桑花、海浪、火山、瀑布和太阳等。使用这些自然元素的阿洛哈纹样不仅体现了夏威夷人对自然美景的赞美，也反映了夏威夷人与自然和谐共处的生活方式，承载着他们对夏威夷文化的深刻理解和尊重。

花卉在夏威夷文化中常常象征着自然的美丽和生命力，海浪和火山则代表着夏威夷群岛的自然力量和精神。例如，扶桑花是波利尼西亚民族心目中的国花，在夏威夷和南太平洋各岛上遍地皆是。波利尼西亚民族就是用这种花卉的各种造型作为阿洛哈纹样的主要纹样，所以常常有人把它叫作 "hibiscus design"。除了以扶桑花作主花外，还以各种热带植物的花叶，诸如鸢尾花、龟背竹、羊齿草叶等作为陪衬，同时穿插一些热带风光以及波利尼西亚民族的造型艺术和一些生活场景，诸如冲浪运动、"TAPA" 布的制作、夏威夷吉他的演奏、波利尼西亚人的舞蹈，波利尼西亚人的树雕、石雕、图腾，以及波利尼西亚人居住的茅屋和南太平洋中常见的鱼类、贝类等纹样。

二、鲜明而生动的色彩

在色彩运用上，阿洛哈纹样通常采用鲜艳而生动的色彩。这些色彩反映了夏威夷群岛的热带风情，如湛蓝的海水、翠绿的植被和艳丽的花朵。色彩的运用不仅使纺织品纹样充满活力，也使其成为一种视觉上的享受，反映了夏威夷热带气候下自然环境的色彩（图 17-2）。

图 17-2　阿洛哈纹样的色彩

阿洛哈纹样多用色块平涂，花样用泥点、海绵点以及其他杂纹作为底纹，色彩十分艳丽浓郁，有时在地与花之间留有不规则的白地，多采用平网或圆网工艺生产。

色彩的运用在表现夏威夷的热带风情方面起着关键作用，这些鲜艳的色彩不仅使纹样更加吸引眼球，也在传递一种积极向上的情感和热情好客的文化气息，给人一种阳光明媚、生机勃勃的感觉。在视觉上，这些色彩的组合创造了强烈的视觉冲击力和吸引力，使得夏威夷纺织品在全球范围内具有很高的辨识度。

阿洛哈纹样还体现了一种独特的设计风格，特别是其流畅性和和谐感。这些纹样在布局上通常非常流畅，线条柔和，形状协调。这种风格不仅让纺织品在视觉上具有吸引力，也使其成为一种艺术表现形式。夏威夷纹样的这种特性使其在服装和家居装饰品中非常受欢迎，能够为穿着者和使用者带来一种轻松和愉悦的感觉。

第三节　阿洛哈纹样的应用

在实际应用方面，阿洛哈纹样广泛用于服装、家居装饰、工艺品等多个领域。尤其是夏威夷衫，以其独特的纹样和舒适的材质，成为夏威夷文化的重要象征，并在全世界范围内广受欢迎。

夏威夷风格的裙装和休闲衬衫是这一纹样应用的典型。这些服装通常采用轻薄、透气的面料，印有夏威夷特有的花卉、海洋文化的纹样，非常适合海滨度假和夏季穿着。设计师们通过将这些纹样融入现代服装设计中，创造了兼具传统夏威夷风情和现代时尚感的服饰，例如保罗熊（PAUL&BEAR）品牌在每一季度都会推出新款夏威夷衫（图17-3）和一条印有阿洛哈纹样的长裙，不仅展现了热带的浪漫与奔放，也体现了现代女性的优雅与自信。

图 17-3　保罗熊品牌的夏威夷衫

阿洛哈纹样在时尚界的应用也体现了文化的交融和共享。这些纹样在传播夏威夷文化的同时，也被各种文化背景的设计师所采用和改编，创造出多样化的时尚风格（图17-4）。一些国际知名的时尚品牌将阿

图 17-4　各种风格的夏威夷衫

洛哈纹样与其他文化元素结合，创造了跨文化的服装设计。这些设计不仅展现了夏威夷文化的魅力，也促进了人们对不同文化间的理解和欣赏。例如，将阿洛哈纹样与传统东方纹样结合的服装，既有热带的热烈与奔放，也有异域的传统韵味（图17-5）。

图 17-5　与东方元素结合的夏威夷衫

在家居装饰方面，阿洛哈纹样被广泛应用于窗帘、沙发套、床上用品和地毯等（图 17-6）。这些纺织品上设计有充满活力的纹样，为室内空间营造了热带风情和轻松氛围。一款印有阿洛哈纹样的窗帘不仅能够为室内空间增添一抹自然色彩，还能营造一种放松和愉悦的氛围。此外，以夏威夷海浪和海滩为主题的床单和枕套，也能将夏威夷的海岛风情带入卧室。

图 17-6　夏威夷风格的家装

阿洛哈纹样还被用于各种配饰和手工艺品的设计中，如手袋、帽子和围巾等（图 17-7）。印有阿洛哈纹样的沙滩帽不仅是防晒的实用单品，也是一种展示个性和时尚品位的配饰。此外，以阿洛哈纹样为设计主题的手工艺品，如定制的围巾和手袋，在纺织品市场上也颇受欢迎，成为游客喜爱的纪念品。

图 17-7　饰有阿洛哈纹样的配饰

参考文献

[1] 常沙娜. 中国敦煌历代装饰图案 [M]. 北京：清华大学出版社，2004.

[2] 新疆维吾尔自治区博物馆. 新疆出土文物 [M]. 北京：文物出版社，1975.

[3] 故宫博物院. 宋代花鸟画珍赏 [M]. 北京：故宫出版社，2014.

[4] 万剑. 中国古代缠枝纹装饰艺术史 [M]. 武汉：武汉大学出版社，2019.

[5] 李建亮. 中国传统经典纺织品纹样史 [M]. 北京：中国纺织出版社，2020.

[6] 陆游. 老学庵笔记 [M]. 杨立英校注. 西安：三秦出版社，2003.

[7] 黄能馥，陈娟娟. 中国服装史 [M]. 北京：中国旅游出版社，2001.

[8] 富兰克弗特. 古代东方的艺术与建筑 [M]. 郝海迪，袁指挥，译. 上海：上海三联书店，2011.

[9] 魏庆征. 古代伊朗神话 [M]. 太原：北岳文艺出版社，1999.

[10] E.H. 贡布里希. 秩序感 [M]. 杨思梁，徐一维，译. 杭州：浙江摄影出版社，1987.

[11] 田旭桐，侯芳. 非洲民俗民间图案 [M]. 桂林：广西美术出版社，2000.

[12] 沈斌. 外国图案大系 [M]. 南京：江苏美术出版社，2001.

[13] 城一夫. 西方染织纹样史 [M]. 北京：中国纺织出版社，2001.

[14] 出类艺术. 和服纹样素材集 [M]. 杭州：浙江人民美术出版社，2017.

[15] 高岛千春. 日本江户时代织物纹样 [M]. 北京：人民文学出版社，2018.

[16] 日本文化学园服饰博物馆. 世界服饰纹样图鉴 [M]. 北京：机械工业出版社，2020.

[17] 秦广言，秦沿. 东方手织地毯 [M]. 上海：上海文艺出版社，2005.

[18] 孙运飞，殷广胜. 国际服饰 [M]. 北京：化学工业出版社，2012.

[19] Jennifer Harris. 纺织史 [M]. 李国庆，孙韵雪，宋燕青，译. 汕头：汕头大学出版社，2011.

[20] 吴蓉，陆小彪. 服饰图案 [M]. 上海：东华大学出版社，2023.

[21] 贾玺增. 中外服装史 [M]. 上海：东华大学出版社，2018.

[22] 赵丰，玛丽－路易斯·诺施. 纺织与服装 [M]. 杭州：浙江大学出版社，2023.

[23] 张竞琼，梁惠娥. 世界民族服饰图典 [M]. 合肥：安徽美术出版社，2006.

[24] 王华. 非洲经典染织与印花设计 [M]. 上海：东华大学出版社，2012.

[25] 李江. 古代中美洲工艺美术 [M]. 重庆：西南师范大学出版社，2012.

[26] 吕章申. 印加人的祖先 [M]. 北京：中国社会科学出版社，2007.

[27] 玛丽·斯科斯. 纺织品——人类的艺术 [M]. 孙可可，徐辛未，译. 杭州：浙江人民美术出版社，2017.

[28] 苏珊·梅勒. 纺织品设计——欧美印花织物 200 年图典 [M]. 吴芸，丁伟，陈鑫，译. 苏州：苏州大学出版社，2018.